网络空间安全丛书

基于无线协同中继信道的物理层安全技术

Physical Layer Security Technology for Wireless Cooperative Relay Channel

巩向武　任保全　李洪钧　钟旭东　林　金◎著

人民邮电出版社
北京

图书在版编目（CIP）数据

基于无线协同中继信道的物理层安全技术 / 巩向武
等著. -- 北京 : 人民邮电出版社, 2024.3
（网络空间安全丛书）
ISBN 978-7-115-62981-4

Ⅰ. ①基… Ⅱ. ①巩… Ⅲ. ①移动通信－无线电信道
－安全技术 Ⅳ. ①TN929.5②TP84

中国国家版本馆CIP数据核字(2023)第194690号

内 容 提 要

无线物理层安全旨在利用无线信道特性来设计有效的安全通信策略，它从信息论安全的角度增强现有无线通信系统的安全性，为解决无线通信安全问题提供了一种新的思路，具有重要的研究价值和广阔的应用前景。本书概述了无线物理层安全的发展历程、关键技术和研究现状，阐述了基于无线协同中继信道的物理层安全技术的理论基础和研究意义，研究了不同拓扑结构、不同信道状态信息条件下，基于分布式波束成形、人工噪声和协同干扰等技术的安全传输技术，完善了无线协同中继系统物理层安全技术的理论分析方法，定量地刻画了系统参数与性能度量指标之间的关系，提出了不同场景下的安全传输方案，从而为实现无线协同中继系统中信息的安全可靠传输提供了理论和技术支撑。

本书可供无线通信与传输技术、卫星通信、物联网等领域的科研人员参考阅读，也适合信息与通信工程相关专业的本科生和研究生阅读。

◆ 著　　　　巩向武　任保全　李洪钧　钟旭东　林　金
　责任编辑　王　夏
　责任印制　马振武
◆ 人民邮电出版社出版发行　　北京市丰台区成寿寺路 11 号
　邮编　100164　　电子邮件　315@ptpress.com.cn
　网址　https://www.ptpress.com.cn
　固安县铭成印刷有限公司印刷
◆ 开本：700×1000　1/16
　印张：9.25　　　　　　　2024 年 3 月第 1 版
　字数：151 千字　　　　　2024 年 3 月河北第 1 次印刷

定价：79.90 元

读者服务热线：(010)81055493　印装质量热线：(010)81055316
反盗版热线：(010)81055315
广告经营许可证：京东市监广登字 20170147 号

前言

最近几十年，无线通信技术的发展越来越迅速并得到了广泛应用。人们能够使用手机、平板电脑等终端迅速地接入无线网络，以进行语音通话、文件上传与下载、网页浏览等操作。然而，由于无线通信利用天然的广播信道传输信息，在电磁信号覆盖范围内的任意通信节点均可以自由地收发信号，非法恶意节点更容易截获和干扰目标信号，这对无线通信造成了安全威胁。当今社会，无线通信网络越来越广泛且深入地影响人们的工作生活，无线传输信息被截获窃听会严重干扰人们正常的工作生活，因此，加强对无线通信安全保密技术的研究具有重要的实际意义。

协同中继技术的应用能够扩展电磁信号的覆盖范围、提高数据的传输速率，但由于无线协同中继系统中的节点更多、开放性更强，其信息传输的安全性会面临更大的威胁及挑战。近几年，人们对无线信道特性的研究越来越深入，如何充分利用无线通信物理层资源并结合无线信道特性来探索能增强信息安全传输性能的技术越来越受人们的关注。在无线通信中，地理环境、接收设备性能等方面的不同会导致各个接收端的信道特征有较大的差异性。无线物理层安全技术旨在从无线信道的特性出发，利用信道的差异性和随机性，以及发送节点、合法目标节点及窃听节点之间信道的差异性来设计有效的安全通信方法。无线物理层安全从信息论安全的角度加强信息传输的安全性，为提高无线通信的安全传输性能提供了一种新的解决方法，是现有信息安全技术的重要补充，具有重要的研究价值和广阔的应用前景。

本书研究了基于无线协同中继信道的物理层安全技术，以保证合法链路服务质量（Quality of Service，QoS）和最大化系统保密速率为目标，研究兼顾安全性、可靠性和有效性的信息传输技术及解决方案，在保证合法目标节点传输可靠性和有效性的同时，从信息论的意义上最大限度地减少窃听节点能够获取的信息量。本书主要的研究工作和成果归纳如下。

第 1 章为绪论，概述了无线物理层安全研究的发展历程，阐述了在无线协同中继系统中研究物理层安全技术的重要性和必要性，并对现有研究现状进行了归纳总结，指出其中的不足之处和问题所在。

第 2 章为基于无线协同中继信道的物理层安全相关基础，主要阐述了基于无线协同中继信道的物理层安全相关的基础知识和有关技术，包括信息论基础、物理层安全基础、协同中继技术、波束成形技术等。

第 3 章为无线协同中继系统中的鲁棒性物理层安全技术，构建了合法目标节点和窃听节点不在源节点的电磁信号覆盖范围内的无线协同中继窃听信道模型，描述了所有中继节点到合法目标节点的非理想 CSI 情况下的信道误差模型，设计了非理想 CSI 情况下的波束成形方案，分析了该方案的上界及下界，提出了该方案的求解算法，最后进行了仿真实验。

第 4 章为协同干扰下无线协同中继系统中的物理层安全技术，构建了窃听节点在源节点的电磁信号覆盖范围内的无线协同中继窃听信道模型，针对未知窃听链路 CSI 的情况，描述了源节点到所有中继节点的 CSI 以及所有中继节点到合法目标节点的非理想 CSI 情况下的信道误差模型，设计了协同干扰下的安全传输方案；针对已知窃听链路 CSI 的情况，描述了窃听节点配置多根天线时的信号模型，设计了协同干扰下基于信漏噪比（SLNR）的物理层安全传输方案。最后对系统的安全性能进行了仿真分析。

第 5 章为多用户点对点无线协同中继系统中单对保密用户的鲁棒性物理层安全技术，构建了仅有一个源节点存保密信息传输需求下的多用户点对点单对保密用户无线中继窃听信道模型，描述了所有中继节点到所有合法目标节点及窃听节点的非理想 CSI 情况下的信道误差模型，设计了具有鲁棒性的安全传输方案，提出了该方案的求解算法，证明了算法的收敛性，分析了算法的复杂度，最后进行了仿真实验。

第 6 章为多用户点对点无线协同中继系统中多对保密用户的物理层安全技术，

构建了所有源节点都有保密信息传输需求下的多用户点对点多对保密用户无线中继窃听信道模型，提出了两种物理层安全传输方案，一是从用户公平性的角度出发，提出了功率约束下的保密速率最大化方案，二是提出了每个用户保密速率约束下的功率控制方案。这一章设计了两种方案的求解算法，分析了算法的复杂度，最后进行了仿真实验。

由于作者水平和时间有限，书中难免有不足之处，敬请专家和读者予以指正。

作者

2023 年 2 月于北京

目 录

第1章 绪论

1.1 无线物理层安全研究发展概述

无线物理层安全研究主要分为两个方向[1]：一是信息论安全的研究，即从信息论角度研究不同窃听信道模型下的保密容量；二是基于实际无线通信系统的物理层安全传输方案的研究。信息论安全的研究对实际无线通信系统的物理层安全传输方案的研究起到理论指导作用，是无线物理层安全研究的理论基础。

一般来说，保密通信要实现两个目标：一是合法目标节点能够可靠地接收信息；二是窃听节点无法得到任何有用的信息。1948 年，香农最早从信息论角度研究了信息安全传输的原理，给出了近代密码学的信息理论基础[2]。香农提出的信息安全模型如图 1-1 所示，一个窃听节点 Eve 试图截获发送节点 Alice 发给合法目标节点 Bob 的信息。为了实现信息安全传输，香农提出利用一个 Alice 和 Bob 都知道的密钥对信息进行加密和解密，而 Eve 并不知道这个密钥。在香农提出的信息安全模型中，假设 Alice 需要发送的信息为 W，密钥为 K，Alice 将消息比特 W 和密钥比特 K 进行模 2 加并加密后发出，Bob 和 Eve 接收到的信息为 $X=W\oplus K$，其中，$\oplus$表示模 2 加。Bob 通过将密钥比特 K 和消息比特 X 进行模 2 加并解密获取信息 $\hat{W}$。香农证明了如果 K 不重复，即每个 K 只使用一次，每传输一个码字就换一个密钥，那么，Eve 绝不会从 X 中得到关于 W 的任何信息，这是因为它产生的随机输出与明文没有任何统计关系。尽管这个方法性能优越，但是在当前技术条件下无法实现，因为 Alice 和 Bob 必须每次都更新随机密钥 K，密钥的管理量实在太大了。

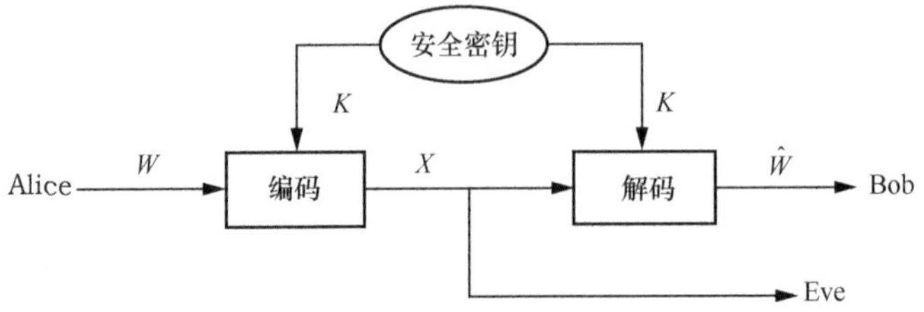

图 1-1　香农提出的信息安全模型

1975 年，Wyner[3]提出了一种离散无记忆接线窃听信道模型，如图 1-2 所示。与香农的信息安全模型不同的是，Wyner 的接线窃听信道模型充分考虑了无线信道的物理特性以及由噪声引起的信号衰减。在 Wyner 的接线窃听信道模型中，发送节点 Alice 将信息 W 编码为 X，经过主信道传输后，合法目标节点 Bob 接收到的信号为 Y，窃听节点 Eve 接收到的信号为 Z。Wyner 提出了保密容量的概念，它是指在 Eve 无法获取关于 W 的任何有用信息的条件下，Bob 能够可靠接收的最大信息速率。Wyner 在文献[3]中证明了当 Bob 的信道质量优于 Eve 的信道质量时，Alice 总能找到一种编码方式，使在 Bob 能够正确解调的情况下，Eve 无法从接收到的信号中获得关于 W 的任何有用信息，从而实现无密钥情况下的安全通信。文献[3]的基本思想是利用随机编码，按照合适的概率分布，将每个秘密信息映射到多个码字上，从而将秘密信息流隐藏在恶化窃听信道的额外噪声中，这样 Eve 就存在一个最大的条件信息熵。如果能够确保 Eve 的条件信息熵任意接近信息速率熵，则 Eve 从它的接收信号 Z 中几乎获取不到关于 W 的任何有用信息，这称为达到了完全保密。

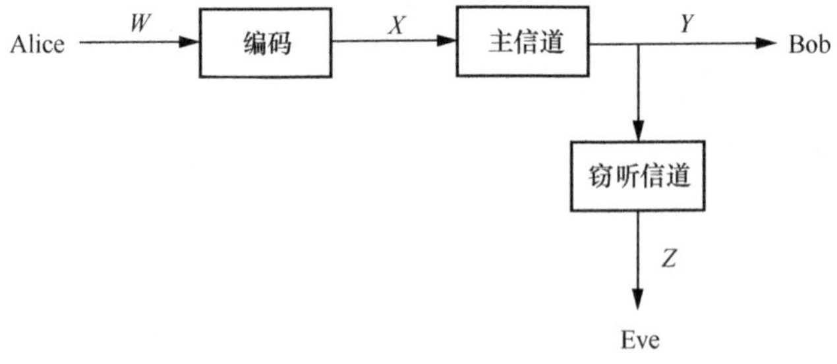

图 1-2　Wyner 的接线窃听信道模型

在文献[3]的理论基础上，文献[4]研究了广播窃听信道的物理层安全，得出在广播信道下也能够实现信息的安全传输，还得出合法目标节点的保密容量 C_s 为

$$C_s = \max_X (I(X;Y) - I(X;Z)) \tag{1-1}$$

其中，$I(X;Y)$ 和 $I(X;Z)$ 表示互信息。

文献[5]研究得出在高斯白噪声窃听信道条件下，合法目标节点的保密容量 C_s 为

$$C_s = C_{\text{Bob}} - C_{\text{Eve}} = \frac{1}{2}\text{lb}\left(1+\frac{P}{\sigma_{\text{Bob}}^2}\right) - \frac{1}{2}\text{lb}\left(1+\frac{P}{\sigma_{\text{Eve}}^2}\right) \tag{1-2}$$

其中，P 表示发送信息的功率，σ_{Bob}^2 和 σ_{Eve}^2 分别表示合法目标节点和窃听节点的噪声方差。

随后，研究者对不同窃听信道模型下的保密容量进行了大量研究。文献[4-13]将 Wyner 的研究扩展到了不同的信道条件下，其中，文献[6]研究了衰落信道情况下的物理层安全，并计算了保密容量；文献[9-10]研究了基于多输入多输出（Multiple-Input Multiple-Output，MIMO）窃听信道的保密容量；文献[11-12]研究了基于无线中继窃听信道的保密容量；文献[13]将保密容量的研究扩展到了干扰信道。文献[6-13]研究发现衰落、多天线以及干扰等都能对信息的安全传输产生积极影响。人们对不同无线通信系统中保密容量的研究，不仅给出了信道保密传输速率的上界，而且对实际无线通信系统中具体的物理层安全传输方法的研究起到了理论指导作用。

在实际无线通信系统中，具体的物理层安全传输方法主要采用扩频技术、调制技术和波束成形技术等。扩频技术[14]主要从信号调制的角度出发，解决无线通信中信息安全传输的问题。扩频信号具有宽频带、低侦测概率和抗干扰的特性，增加了窃听节点对信号的窃听难度。文献[15-16]研究了调制技术在无线物理层安全中的应用，提出在不同方向上发送信号产生不同星座图的方法以实现信息的安全传输。波束成形技术[17]是一种对发送端多根天线进行加权，使波束主瓣指向目标节点，其他方向增益很小或产生零陷的技术，不仅能提高辐射功率的利用率，而且能增强信号的安全传输性能。

目前，关于无线物理层安全的研究大多集中在点对点无线通信系统中，但随着协同中继技术的深入发展及广泛应用，无线通信系统的拓扑结构越来越复杂，信息安全传输的研究面临更严峻的挑战。要将点对点无线通信系统物理层安全技术的研究结论运用到无线协同中继系统中，还需要解决许多问题。例如，如何针对不同的无线协同中继系统建立不同的窃听信道模型，怎样协调多个中继节点参与转发增强

信息的安全传输性能，以及如何针对非理想信道状态信息（Channel State Information，CSI）情况进行安全传输方法的设计等。

1.2 无线协同中继系统中的物理层安全概述

多天线技术及协同中继技术的发展和应用，提高了信号在空域上的自由度，为基于无线信道空域特征的传输技术研究打下了坚实的基础。

MIMO 技术[18]通过在发送端和接收端配置多根天线，利用时间分集和频率分集之外的空间分集来有效抵抗信道衰落，以便提高信号质量和信息传输速率。然而，MIMO 技术在提高无线通信系统性能增益的同时，配备多天线所需的空间和功耗以及处理多维信号所需的复杂度也在大幅增加。在许多实际应用中，无线设备由于其（如大多数手机终端、无线自组织网络和无线传感器网络中的节点设备）在尺寸、功耗、复杂度等方面的限制，装配多根天线是很困难的。因此，单天线节点之间通过共享天线资源形成一个分布式虚拟多天线系统便成为一种有效的替代方法。这种多个单天线节点之间相互协作的传输技术被称为协同通信[19-23]，其本质上是一种虚拟的 MIMO 技术。受益于无线信道的广播特性，协同通信允许任意节点作为中继节点来协助其他节点转发信息。

协同通信技术在无线通信网络（如蜂窝移动通信网络、无线自组织网络、无线传感器网络等）中有着很好的应用。它具有以下优点：增加系统容量、提高速率及增强性能；扩大信号传输范围；降低移动终端功率消耗，延长系统的生命周期；提高频谱效率。因此，协同通信是近年来发展最快的研究领域之一，在国内外学术界和工业界受到广泛关注。

无线协同中继系统的节点较多，使其传输信息更容易被窃听，因此通信的安全性能成为无线协同中继系统中的重要问题。提高信息传输安全性能的常用方法是在物理层以上的链路层、网络层等使用数据加密技术，但是，随着无线协同中继系统节点数量的增多以及拓扑结构的动态多变，传统的上层数据加密技术面临许多实际的严峻挑战，如密钥的分布与管理，因此利用物理层资源来提高无线协同中继系统的安全性能成为近几年的研究热点。物理层安全从信息论的角度出发，一方面为合法目标节点提供可靠通信，另一方面使窃听节点无法从其截获的信号中获取任何有用的信息。

协作波束成形也被称为分布式波束成形，文献[24]最早提出了协作波束成形技术，图 1-3 展示了多中继的协同通信过程。协作波束成形的基本思想是在已知中继节点到合法目标节点信道状态信息的条件下，通过调整中继节点转发信号的复权值来形成一个对准合法目标节点的虚拟波束[25]，从而获得协作分集。在某种意义上讲，协作波束成形可以看作传统接收与发射波束成形的结合，它们的主要区别在于各个中继节点之间不能交互各自接收信号的信息，所以，协作波束成形是以分布式方式来完成的。由于协作波束成形在提升性能方面的优异表现，其已成为无线协同通信领域的一个研究热点[26]。许多研究结果表明，协作波束成形也是一种有效增强物理层安全性能的技术，它使无线协同中继系统形成一个虚拟波束，从而利用空间自由度来防止窃听，有效增强信号抗截获的能力。

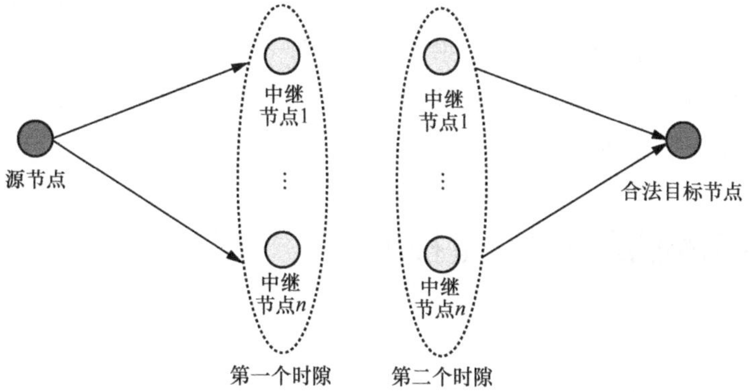

图 1-3 多中继的协同通信过程

目前，MIMO 波束成形技术已经被广泛应用于物理层安全的研究中[27-28]。现有的多天线系统物理层安全的研究主要集中于传统集中式系统，利用多根天线传输路径的信道特征所产生的冗余度，提高信息传输的可靠性和安全性。无线协同中继系统的虚拟天线阵列与传统 MIMO 系统的多天线阵列存在某种相似性，所以将 MIMO 波束成形技术的研究成果应用到无线协同中继系统中具有相当大的可行性。但是，与传统的 MIMO 系统相比，无线协同中继系统的物理层安全技术研究面临的困难更大，具体问题如下。

（1）系统的拓扑结构动态多变，而且不同拓扑结构之间没有直接的关联性，基于简单拓扑结构的研究结果，通常很难直接拓展到复杂的拓扑结构中，所以有必要对各种典型的拓扑结构建立窃听信道模型，有针对性地研究其物理层安全技术。

（2）在无线协同中继系统中，关于保密容量等理论问题的研究更多集中在较简单的拓扑结构，如 3 个节点的中继系统等，但是，对于较复杂的拓扑结构，如多源、多中继、多合法目标节点系统等，缺乏相关的理论研究成果，未对复杂拓扑结构下的信息安全传输方法的研究起到指导作用。

（3）无线协同中继系统的分布式拓扑结构决定了优化方案中限制条件的多样性和复杂性。通常情况下，这些最优化问题没有闭式解，需要探索研究一些新的数学方法去寻找次优近似解。

（4）在理论和实际应用中，还存在一系列现实问题，特别地，非理想 CSI 情况下的分布式波束成形技术还是一个开放的问题。因此，针对非理想 CSI 情况，研究无线协同中继系统中的物理层安全技术具有重要的研究潜力和广阔的应用前景。

（5）当中继节点采用译码转发（Decode and Forward，DF）协议时，无线协同中继系统的物理层安全研究较容易；当采用放大转发（Amplify and Forward，AF）协议时，中继节点对噪声的放大会给信号处理带来一定难度。但是，由于 AF 协议是一种最简单的协议，极有可能被应用到实际通信中，研究基于 AF 协议的中继系统的物理层安全十分必要。

1.3 无线物理层安全关键技术

针对不同的信道模型和拓扑结构，研究者对物理层安全技术展开了广泛而深入的研究。尤其是多天线、协同中继等技术的出现，从不同层次开发利用无线通信资源，也使无线信道表现出更丰富的个性化特征，不同的信道模型也具有不同的安全传输特性。本节主要论述了多天线系统和无线协同中继系统中的预编码技术及物理层安全技术。

1.3.1 预编码技术

预编码技术是指利用预先估计的 CSI 对信号进行预处理操作，它能提高系统的频谱效率，包括多天线系统中的预编码技术和无线协同中继系统中的预编码技术。

（1）多天线系统中的预编码技术

在 20 世纪 90 年代末 MIMO 技术出现后，预编码技术被用以描述当发送端已知 CSI 时对发送信号的预处理过程[29]，并逐渐获得了人们的认可。预编码技术一开始被引入 MIMO 系统中时，仅限于线性形式的预处理，现在已经被泛指为任何在发送端进行的预处理操作。在传统的集中式 MIMO 系统中，预编码技术研究较深入。根据用户数量、信息传输的方向、预编码算法以及是否使用量化的 CSI，预编码技术可分为单用户预编码技术和多用户预编码技术、上行预编码技术和下行预编码技术、非线性预编码技术和线性预编码技术以及基于码本的预编码技术和非基于码本的预编码技术。

这里主要对非线性预编码技术和线性预编码技术这两类进行阐述。非线性预编码主要有脏纸编码（Dirty Paper Coding，DPC）、Tomlinson-Harashima 预编码（Tomlinson-Harashima Preceding，THP）、矢量扰动（Vector Perturbation，VP）等[30-32]。非线性预编码技术将所有用户的数据进行联合编码，复杂度较高。

线性预编码将每个用户的发送数据矢量与一个空间预编码矩阵相乘，也称为波束成形。根据设计优化准则和方法，可以将波束成形方法分为迫零波束成形（Zero-Forcing Beamforming，ZFBF）[33-36]、块对角化（Block Diagonalization，BD）[37-38]及最小均方差（Minimum Mean Square Error，MMSE）波束成形[39]等。ZFBF 算法在发送端预先消除信道转移矩阵的效果，是最简单的线性预编码技术，但它可能会过度放大发送信号，容量损失较大，仅适用于发送天线数少于所有用户的接收天线数之和的情况。BD 算法将各用户的发送信号置于其他用户信道矩阵的零空间，用户信道矩阵零空间比较接近时，容量损失较大，仅适用于发送天线数不少于所有用户的接收天线数之和的情况。MMSE 与 ZFBF 算法类似，但能缓解病态信道矩阵出现时对发送信号过度放大的状况；发送端需预知接收端的噪声功率，在发送天线数少于接收天线数时性能较差。与非线性预编码技术相比，波束成形技术复杂度较低，并且性能可以达到渐近最优，因此，在实际通信中，基于波束成形的线性预编码技术得到了广泛的应用。

预编码技术已被应用于多天线系统的物理层安全技术研究中。文献[40]提出基于 Vandermonde 矩阵的预编码技术来提高物理层安全性能。文献[41]研究了多用户场景中的物理层安全技术，提出了基于限制信道逆的预编码技术来增强系统的安全性。文献[42]采用基于最大比值发送的预编码技术来增强系统的物理层安全。对于如何设计最优的预编码向量，研究人员根据优化目标和约束条件的不同提出了不同方案。例如，文献[43]的基于保密速率最大化的预编码方案；文献[44-45]提出的在保密速率约束下功率消耗最小化的预编码方案；文献[46-47]提出的在链路服务质量（QoS）约束下功率消耗最小化的预编码方案；文献[48] 提出的中断保密概率最小化的预编码方案。此外，文献[49]提出了一种新的基于信漏噪比（Signal to Leakage plus Noise Ratio，SLNR）的预编码方案。SLNR 是合法目标节点接收的信号功率与泄漏到窃听节点的信号功率和噪声功率之和的比值。在实际通信中，CSI 的估计通常是非理想的，文献[50]提出了多输入单输出窃听信道的鲁棒性预编码设计方案。

（2）无线协同中继系统中的预编码技术

无线协同中继系统中的预编码技术本质上是多个中继节点相互协作，构成虚拟多天线阵列结构。与多天线系统的预编码技术相比，分布式协同中继系统的预编码技术需要考虑中继节点转发信号。按照天线阵列的构成方式，协同中继系统的预编码技术分为单中继节点空域预编码技术、分布式空域预编码技术和时域预编码技术。采用单中继节点空域预编码技术，源节点和中继节点配置多根天线，预编码在本地天线阵列上操作；采用分布式空域预编码技术，多个中继节点构成虚拟天线阵列，基于严格的时间同步和协调机制进行协同通信；采用时域预编码技术，源节点在时间上连续发送构成的虚拟天线阵，将合法目标节点在连续时间内接收到的信号视为等效 MIMO 信道，进而实施预编码操作。下面主要对分布式空时编码技术和协作波束成形技术进行阐述。

MIMO 系统中的许多预编码技术已被拓展到了协同中继系统中来获取空间分集和复用增益。采用分布式空时编码方案来获取协作分集的思想最早是在文献[51]中提出的，分布式空时编码方案需要两个时隙来完成协作。与中继选择方案不同，分布式空时编码方案允许所有中继在第二个时隙同时参与协作。从本质上讲，分布式空时编码是一种作用在中继处的预编码技术。通过设计每个中继预编码矩阵，合法目标节点处的接收信号最终等效为一个传统的空时码矩阵。Jing 等研究了基于 AF 协议的分布式空时编码技术，不仅将传统的线性弥散码和正交空时分组码及准正交空时分组码的设计准则应用到了中继系统中[52-53]，还提出了分布式差分空时编码方法[54]。文献[55]提出了全速率满分集增益的分布式准正交空时分组编码方法。文献[56]联合分布式空时编码与正交频分复用（Orthogonal Frequency Division Multiplexing，OFDM）设计了一种抗异步的中继传输方案。以上对分布式空时编码的研究又被扩展到基于 AF 协议的双向通信中继系统中[57-58]。除了 AF 协议之外，基于 DF 协议的分布式空时编码技术也是研究热点，集中于研究正确译码后的中继节点到目标节点第二个时隙的编码技术。文献[59]提出将承载信息的空时码矩阵与唯一签名向量的乘积作为中继的发送信号，虽然与基于 AF 协议的分布式空时编码设计思路不同，但是这种方法同样可以在目的节点形成等效的空时码矩阵。文献[60]在文献[59]的方法基础上，从有利于分布式实现的角度出发，提出每个协同中继的签名向量可以是任意随机向量，并从理论上证明了这种随机分布式空时编码方案的分集增益。文献[61]进一步将这种方法与 OFDM 技术进行联合设计。文献[62]研究了基于 DF 中继协议的双向通信中继系统中的随机分布式空时编码技术。

协作波束成形技术是一种分布式空域线性预编码技术，已有大量的文献将分布式波束成形技术应用到了无线协同中继系统中[63-64]。文献[65]针对统计 CSI 的情况，提出了中继系统的分布式波束成形方案。文献[66]从理论上证明了文献[65]所提方案的最优性。文献[67]针对最优波束成形的复杂度问题，设计了一种低复杂度的贪婪算法来求解中继权重。文献[68]设计了一种有效的分布式方法来实现中继系统的分布式波束成形。文献[69]针对频率选择性中继信道，研究了基于滤波转发协议的分布式波束成形方案。文献[70]引入 OFDM 技术研究了系统的分布式波束成形方案。文献[71-72]针对较复杂的多源、多合法目标节点的无线协同中继系统，提出了分布式波束成形方案。针对实际通信中非理想 CSI 情况，文献[73-74]研究提出了具有鲁棒性的分布式波束成形方法。近几年，分布式波束成形技术也被应用到了双向通信中继系统中[75-76]。在分布式波束成形技术的应用研究中，凸优化理论[77]在求解各种分布式波束成形最优化问题的最优或近似最优解的过程中有着重要应用。

分布式预编码技术也被应用于无线协同中继系统的物理层安全技术的研究中，以提高系统的安全性能。无线协同中继系统的预编码技术主要研究中继转发协议、中继节点之间的协作方式、中继节点天线配置等方案对系统信息安全传输性能的影响。中继节点可以分为非信任节点和信任节点两类。非信任节点是指中继节点在转发信息的同时可能对信息的安全造成威胁。文献[78]研究了基于非信任中继节点的物理层安全技术，提出了相应的窃听信道模型。文献[79]研究了非信任中继窃听信道模型的保密容量域。信任节点是指中继节点只转发信息而不对信息的安全造成威胁。信任中继节点的协同方式可以分为协同转发和协同干扰两类。目前，大多数研究集中于信任中继节点，本书也基于信任中继节点进行物理层安全研究。在无线协同中继系统的物理层安全研究中，基于信任中继节点的预编码技术主要有 3 类：分布式波束成形设计、中继节点选择、功率分配。在分布式波束成形设计中，根据优化目标的不同，可分为功率约束下的保密速率最大化方案和保密速率约束下的总功率最小化方案；根据转发协议不同，可分为基于 AF 协议和基于 DF 协议的预编码方案[80]；根据通信方式不同，可分为单向和双向中继通信下的预编码方案[81]。

如何通过选择中继来增强信息安全传输的性能也是研究热点。根据系统性能的不同，中继选择可分为基于保密速率的中继选择[82]、基于合法链路信干噪比（Signal-to-Interference-plus Noise，SINR）的中继选择[83]、基于窃听链路 SINR 的中继选择[84]。根据通信方式不同，中继选择可分为单向和双向通信的中继选择[85]。另外，通过预编码技术进行功率分配也是中继系统的物理层安全传输的研究热点[86-88]。

1.3.2 多天线系统中的物理层安全技术

随着多天线技术的出现，人们开始研究如何利用空域信道特征来增强无线通信系统的安全性。多天线系统扩展了信道的维数，具有更大的信道自由度，从而可以更加充分地利用空域信道资源。目前，在多天线系统中提出的增强物理层安全传输性能的策略主要有波束成形技术、人工噪声（Artificial Noise，AN）、协同干扰、随机加权、天线选择和功率控制等。

文献[89]首先研究了如图 1-4 所示的 MIMO 窃听信道模型，提出了基于 CSI 的安全传输方案，以达到较小的截获概率和被检测概率。文献[90]研究了多输入单输出（Multiple-Input Single-Output，MISO）窃听信道的保密容量域。文献[91]刻画了单输入多输出（Single-Input Multiple-Output，SIMO）窃听信道的保密容量域。文献[92]刻画了 MIMO 窃听信道的保密容量域，将保密容量 C_s 表示为

$$C_s = \max_{\boldsymbol{K}_X}\left(\mathrm{lb}\det(\boldsymbol{I}+\boldsymbol{H}_{\mathrm{M}}\boldsymbol{K}_X\boldsymbol{H}_{\mathrm{M}}^{\mathrm{H}}) - \mathrm{lb}\det(\boldsymbol{I}+\boldsymbol{H}_{\mathrm{E}}\boldsymbol{K}_X\boldsymbol{H}_{\mathrm{E}}^{\mathrm{H}})\right) \tag{1-3}$$

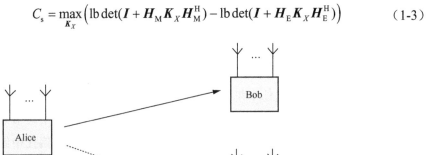

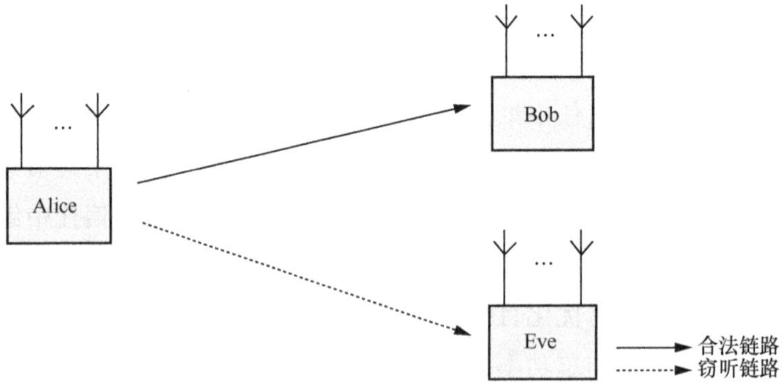

图 1-4　MIMO 窃听信道模型

其中，$\boldsymbol{K}_X$为发送信号$\boldsymbol{X}$的协方差矩阵，det(·)为矩阵行列式的值，$\boldsymbol{I}$为单位矩阵，$\boldsymbol{H}_{\mathrm{M}}$为合法链路的信道矩阵，$\boldsymbol{H}_{\mathrm{E}}$为窃听链路的信道矩阵。文献[93]在文献[92]的研究基础上，证明了在功率约束条件下高斯输入为系统性能最优的输入。文献[94]研究了系统的保密中断概率。文献[95]在系统满足协方差功率约束的条件下，提出了信道加强的概念，将 MIMO 窃听信道退化为高斯窃听信道，从而计算出 MIMO 窃听信道的保密容量域，但无法给出保密容量的解析表达式。文献[96]在文献[95]的研究基础上，利用信息理论与估计理论之间的关系[97]推导了 MIMO 窃听信道保密容量的解析表达式。

大量的文献对 MIMO 系统中的物理层安全传输方案进行了研究。文献[98]利用广义奇异值分解（Generalized Singular Value Decomposition，GSVD）研究了 MIMO 窃听信道的保密速率最大化问题。文献[99]研究了基于空时编码的保密速率最大化的设计方案。文献[100]针对多用户 MIMO 系统研究了增强物理层安全的波束成形设计方法。文献[101]针对存在多个窃听节点的情况，研究了多用户 MIMO 系统的物理层安全，并刻画了窃听节点的位置分布对保密速率的影响。文献[102-103]分别利用发送天线选择和多用户选择设计了增强信息安全传输性能的方案。文献[104-105]研究了基于单输入多输出衰落信道的物理层安全传输技术。在实际通信中，发送端通常只能获取到部分 CSI 或者获取的 CSI 是非理想的，文献[106]研究了不同的 CSI 获取情况下的物理层安全传输技术。

当出现窃听链路信道质量优于合法链路信道质量的情况时，系统的保密容量降为零，无法实现安全传输[107-108]。针对这一问题，文献[109-110]提出在合法链路的零空间发送与有用信号相互独立的人工噪声，这样能在不干扰合法目标节点接收性能的同时恶化窃听节点的接收性能，这种方法被称为人工噪声传输方法。人工噪声传输方法经常被应用在各种窃听信道模型中以增强系统的物理层安全性能，不仅可以用在窃听信道条件优于合法目标节点信道条件的情况下，以达到提高保密速率的目的，也可以用在未知窃听信道状态的情况下，以弥补未知窃听链路 CSI 造成的性能损失。文献[111]针对已知窃听节点部分 CSI 的情况采用人工噪声方法研究了存在多个窃听节点的 MISO 系统中的保密速率最优化问题。在很多情况下，窃听节点的 CSI 是很难获得的，也就无法得到保密速率的表达式，针对这个问题，文献[112]提出了掩蔽式波束成形方案，即联合设计人工噪声和波束成形来提高系统的物理层安全性能。文献[113]证明了在高信噪比条件下，人工噪声方法能够逼近无线通信系统的保密容量域。文献[114]使用文献[112]提出的掩蔽式波束成形方案研究了 MIMO 窃听信道中的物理层安全技术。

为了防止人工噪声对合法目标节点的接收性能造成影响，合法链路必须存在零空间，这就要求发送端的天线数量大于合法目标节点的天线数量，从而限制了人工噪声方法的使用范围。针对这个问题，文献[115]研究了发送端的天线数量小于合法目标节点天线数量情况下的安全传输问题，采用收发机联合处理的方法避免人工噪声对接收端的影响。人工噪声的发送需要消耗系统的功率，为最大化地增强物理层安全性能，需要最优地分配有用信号和人工噪声的功率。文献[116-117]针对已知窃听节点衰落信道分布的情况，研究了系统平均保密速率的最大化问题，从而分配有用信号和人工噪声的功率。文献[118-119]通过求解安全中断概率最小化问题来分配有用信号和人工噪声的功率。文献[120-122]分别研究了在满足合法目标节点信道速率或者接收 SINR 约束的条件下，以一定的功率发送有用信号，然后把剩余的功率分配给人工噪声。文献[123]针对多用户的场景，提出了使用人工噪声实现安全传输的方法。文献[124]提出在发送信号的过程中使用人工噪声以影响窃听节点对 CSI 的估计，从而恶化窃听节点的接收性能。文献[125]针对存在多个窃听节点的情况，研究了多用户 MIMO 窃听信道中的最优分布式波束成形技术。针对实际通信中非理想 CSI 情况，文献[126-127]在未知窃听链路 CSI 的条件下，使用人工噪声方法分别研究了单用户和多用户的 MIMO 窃听信道中的物理层安全技术。

除了人工噪声方法之外，研究者也提出了其他方法来增强系统的物理层安全性能。文献[128]提出在满足合法目标节点可靠通信要求的条件下，对发送信号进行随机预处理，使窃听节点的接收信号随机快变，这样窃听节点就很难利用盲估计[129-130]等检测方法获得需要的信息。文献[131]提出利用随机选择天线的方法以扰乱窃听节点的接收信号。文献[132]提出在保证合法目标节点可以正常通信的条件下，通过在发送端设计随机权值对发送信号进行加扰，以恶化窃听节点的接收性能。文献[133]联合随机加扰和子载波参考的方法，设计了分布式多载波通信系统的安全传输方案，增强了系统的物理层安全。文献[134]研究了在保密速率约束下的 MIMO 系统的滤波设计问题。

总的来看，基于 MIMO 窃听信道的物理层安全的研究一直是研究热点，并得出了一些有用的结论。

1.3.3 无线协同中继系统中的物理层安全技术

随着协同中继技术的发展及应用，无线协同中继系统的物理层安全也逐渐成为研究热点。协同中继技术的出现，不仅在空域上增加了信号的自由度，也为物理层安全的研究提供了一种有效途径。无线协同中继系统模型和安全策略与多天线系统相比，具有一定的相关性，通过多个节点模拟多天线是可行的思路之一，能够应用一些多天线系统中的现有结论，但仍然有很多问题需要解决。

文献[135]首先研究了中继信道模型，中继节点的存在能够扩展源节点与目标节点之间的通信距离，提高信息传输速率。文献[136]在文献[135]的研究基础上，首先提出了压缩转发和译码转发这两种中继转发策略，并计算了这两种策略的信道传输能力。无线协同中继系统中的多个节点在共享资源的基础上通过协作提高了系统的频谱效率和利用率。

在基于中继信道的物理层安全的研究中，文献[137]首先提出了如图 1-5 所示的一个经典的包含发送节点、中继节点、接收节点、窃听节点的 4 节点中继窃听信道模型，并采用了中继节点发送独立干扰信号的协作策略来增强物理层安全性能，该模型被广泛用于分析中继信道的保密容量。文献[138]在文献[71,137]的研究基础之上，研究了离散无记忆高斯中继窃听信道的保密容量域。文献[139]研究了基于非信任中继节点的物理层安全。文献[140]在文献[139]的研究基础上，研究了非信任中继节点下的保密容量，并利用编码方式计算了不同模型下的理论极限。文献[141]研究了多个用户之间互为中继场景下的物理层安全，但是对保密容量的计算仍不完善。与点对点的无线通信系统相比，在无线协同中继系统中关于无线中继窃听信道的分析更复杂，中继的转发协议及协同策略的不同，导致了中继窃听信道的保密容量计算方式不同[142-143]，因此，基于无线协同中继信道的物理层安全性能的研究需要进一步加强。

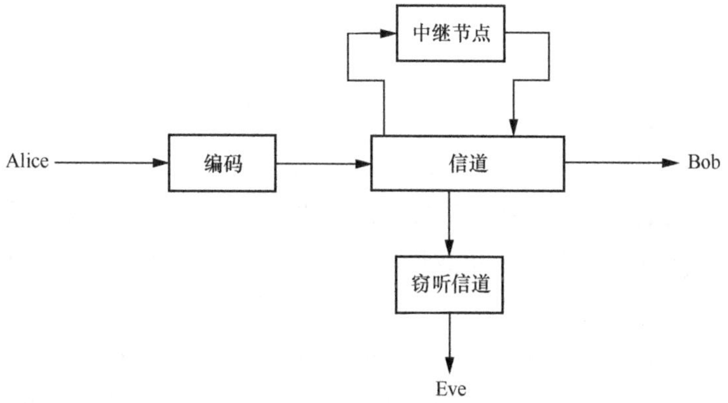

图 1-5　中继窃听信道模型

大量文献对各种无线协同中继系统的物理层安全进行了研究，提出了各种安全传输方案。文献[144]利用多个中继节点形成虚拟的多天线，将已有的基于多天线的物理层安全技术应用到无线协同中继系统中进行研究。文献[145]在如图 1-6 所示的无线协同中继系统窃听信道模型中，研究了功率约束下的保密速率最大化问题以及保密速率约束下的发射功率的最小化问题，并对不同的协同转发策略进行了物理层安全性能的比较。文献[146]针对中继节点自身也需要发送信息的场景，建立了协同中继广播信道窃听模型。文献[147]针对窃听节点发送虚假信息欺骗源节点的场景，分析了该场景下的保密容量。文献[148-149]针对中继节点可以被俘获、能协助窃听节点窃听信息的场景，研究了不同转发协议下系统的安全性能。文献[150]针对多天线系统中的物理层安全进行了研究。文献[151]以中断保密概率为目标研究了中继对系统保密性能的影响，证明了中继节点的使用增强了系统的物理层安全性能。文献[152]以保密中断概率为目标对基于 DF 协议的中继系统的物理层安全性能进行研究。文献[153-154]针对窃听链路非理想 CSI 情况，研究了无线协同中继系统中的物理层安全传输技术。文献[155]研究了双向中继通信中多天线系统的物理层安全技术。

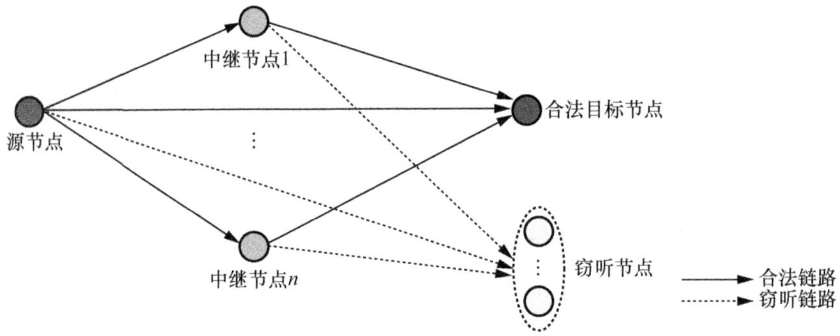

图 1-6　文献[145]采用的无线协同中继系统窃听信道模型

多天线系统的物理层安全研究中提出的人工噪声方法在无线协同中继系统的物理层安全研究中也有应用。文献[156]利用人工噪声方法设计了以优化保密速率和为目标的双向通信中继系统中的分布式波束成形方案。针对未知窃听链路 CSI 的情况，文献[157]将掩蔽式波束成形方法应用到了无线协同中继系统中，以改善系统的物理层安全性能。

协同干扰技术是人工噪声方法的扩展，它通过引入一个友好的协同干扰节点来发送干扰信号以恶化窃听节点的接收性能。文献[158]设计将整个传输时间分为两个阶段，在第一个传输阶段，源节点和合法目标节点向中继节点发送干扰信号；在第二个传输阶段，中继节点将接收的干扰信号进行转发的同时，源节点发送保密信息，这样，目标节点能够较容易地滤除干扰信号。文献[159]提出当两个节点进行通信时，合法目标节点附近的所有节点一起向窃听节点发送干扰信号，以恶化窃听节点的接收性能。文献[160]在文献[159]的基础上，提出了一种性能更佳的干扰信号权重的计算方式。文献[161]提出随机选择干扰节点发送干扰信号，但是会影响合法目标节点的接收性能。文献[162]通过联合设计中继选择和协同干扰，预先选择进行分布式波束成形的中继节点，利用剩余的节点进行协同干扰来增强中继系统第一个传输阶段的物理层安全。文献[163]研究了协同干扰下中继系统的保密速率最大化问题。文献[164-165]针对双向中继系统，采用协同干扰技术，分别对可信中继节点和非信任中继节点的保密性能进行研究。文献[166]采用全双工协议的中继作为协同干扰节点来增强系统物理层安全。文献[167-168]采用协同干扰技术，研究了增强中继系统物理层安全性能的分布式波束成形技术。

目前，对无线协同中继系统的物理层安全的研究大多考虑了单源、单合法目标节点的场景，而在实际的无线协同中继系统中，通常也存在源节点、合法目标节点数目大于 1 的更复杂的场景。鲜有对多源、多合法目标节点无线协同中继系统的物理层安全技术的研究。2015 年，文献[169]在多源、多中继、多合法目标节点的点对点中继通信系统中，研究了仅有一对用户需要进行保密信息传输情况下的保密速率最大化问题。

现有的无线协同中继系统的物理层安全研究还存在一些不足。首先，当未知窃听链路的 CSI 时，现有文献利用人工噪声技术研究了合法链路理想 CSI 情况下的传输方案，然而在实际应用中，合法链路的 CSI 估计往往是非理想的，这将破坏合法信道与人工噪声之间的正交性而造成噪声泄漏，使合法目标节点也受到影响，因此有必要进行合法链路非理想 CSI 情况下的安全传输设计。

其次，当窃听节点在中继节点附近时，现有文献采用协同干扰技术恶化窃听节点的接收性能，然而当未知窃听链路 CSI 时，仍然没有针对合法链路非理想 CSI 情况研究协同干扰下的物理层安全技术；并且现有文献大多假设窃听节点的天线数量少于中继节点的总天线数量，缺乏其他天线配置情况下的研究。

再次，文献[169]的研究仅考虑了合法链路理想 CSI 以及仅存在一对用户进行保密信息传输的情况，没有对非理想 CSI 以及所有用户都需要进行保密信息传输的情况进行研究。

最后，现有的针对多用户场景下的物理层安全的研究大多以用户保密速率和为优化目标，然而，这样的设计会使信道质量好的用户分配到的功率更多，信道质量差的用户分配到的功率更少，缺乏从用户公平性角度对多用户的物理层安全技术的研究。

1.4 研究展望

本书主要研究基于无线协同中继信道的物理层安全技术，考虑了不同拓扑结构下的窃听信道模型，针对不同模型提出了物理层安全传输方案，丰富和完善了无线协同中继系统中有关物理层安全技术的研究工作，有利于物理层安全技术在无线协同中继系统中的推广和应用，取得了一些阶段性成果，但仍然存在进一步改进和完善的空间。在本书的基础上，可在以下几个方面开展进一步的研究工作。

（1）研究多源、多中继、多合法目标节点系统中所有源节点都要发送保密信息情况下的鲁棒性物理层安全传输技术。本书第 6 章研究了多用户点对点无线协同中继系统中理想 CSI 情况下的物理层安全传输技术，但在实际通信中，非理想 CSI 也是经常存在的，需要进一步研究对抗 CSI 误差的鲁棒性安全传输技术。

（2）设计多源、多中继、多合法目标节点系统中未知窃听链路 CSI 时的安全传输方案。本书第 5 章和第 6 章研究了多用户点对点无线协同中继系统中已知窃听链路 CSI 情况下的物理层安全技术，但当系统不能获取窃听链路的 CSI 时，就不能采用保密容量作为指标来研究系统的物理层安全技术。针对这类问题，需要研究增强物理层安全传输性能的方法。

（3）设计跨层协同安全传输方案。目前，物理层安全的理论基础还有待进一步完善，主要还是以传统保密技术的补充形式出现。但是，物理层安全与传统的保密技术并不矛盾，需要研究两者结合的方法，尽可能地发挥各自的优点。

1.5 本章小结

本章首先阐述了本书的研究背景及意义，概述了无线物理层安全及无线协同中继系统中物理层安全研究的发展现状；然后阐明了基于无线协同中继信道的物理层安全技术研究的意义；最后分析总结了无线物理层安全的相关关键技术。

参考文献

[1] DEBBAH M, EL-GAMAL H, et al. Wireless physical layer security[J]. EURASIP Journal on Wireless Communications and Networking, 2009: doi.org/10.1155/2009/404061.

[2] SHANNON C E. Communication theory of secrecy systems[J]. Bell System Technical Journal, 1949, 28(4): 656-715.

[3] WYNER A D. The wire-tap channel[J]. Bell System Technical Journal, 1975, 54(8): 1355-1387.

[4] CSISZAR I, KORNER J. Broadcast channels with confidential messages[J]. IEEE Transactions on Information Theory, 1978, 24(3): 339-348.

[5] LEUNG-YAN-CHEONG S, HELLMAN M. The Gaussian wire-tap channel[J]. IEEE Transactions on Information Theory, 1978, 24(4): 451-456.

[6] LIANG Y B, POOR H V, SHAMAI S. Secure communication over fading channels[J]. IEEE Transactions on Information Theory, 2008, 54(6): 2470-2492.

[7] BLOCH M, BARROS J, RODRIGUES M R D, et al. Wireless information-theoretic security[J]. IEEE Transactions on Information Theory, 2008, 54(6): 2515-2534.

[8] GOPALA P K, LAI L F, GAMAL H E. On the secrecy capacity of fading channels[J]. IEEE Transactions on Information Theory, 2008, 54(10): 4687-4698.

[9] JYOTHSNA S, THEAGARAJAN L N. Improving MIMO secrecy rate through efficient power allocation[C]//Proceedings of 2022 IEEE 96th Vehicular Technology Conference (VTC2022-Fall). Piscataway: IEEE Press, 2022: 1-5.

[10] SHAFIEE S, LIU N, ULUKUS S. Towards the secrecy capacity of the Gaussian MIMO wire-tap channel: the 2-2-1 channel[J]. IEEE Transactions on Information Theory, 2009, 55(9): 4033-4039.

[11] XU P, DING Z, DAI X, et al. An improved achievable secrecy rate for the relay-eavesdropper channel[C]//Proceedings of 2013 IEEE Wireless Communications and Networking Conference (WCNC). Piscataway: IEEE Press, 2013: 2440-2445.

[12] WANG B Y, DENG Z X, CHEN C Y. Piecewise linear AF in relay-eavesdropper

channel with orthogonal components[C]//Proceedings of 2013 8th International Conference on Communications and Networking in China (CHINACOM). Piscataway: IEEE Press, 2013: 917-921.

[13] LIU R H, MARIC I, YATES R D, et al. The discrete memoryless multiple access channel with confidential messages[C]//Proceedings of IEEE International Symposium on Information Theory. Piscataway: IEEE Press, 2006: 957-961.

[14] PEREIRA M, POSTOLACHE O, GIRAO P. Spread spectrum techniques in wireless communication[J]. IEEE Instrumentation & Measurement Magazine, 2009, 12(6): 21-24.

[15] BABAKHANI A, RUTLEDGE D B, HAJIMIRI A. Transmitter architectures based on near-field direct antenna modulation[J]. IEEE Journal of Solid-State Circuits, 2008, 43(12): 2674-2692.

[16] BABAKHANI A, RUTLEDGE D B, HAJIMIRI A. Near-field direct antenna modulation[J]. IEEE Microwave Magazine, 2009, 10(1): 36-46.

[17] VEEN B D V, BUCKLEY K M. Beamforming: a versatile approach to spatial filtering[J]. IEEE ASSP Magazine, 1988, 5(2): 4-24.

[18] WINTERS J. On the capacity of radio communication systems with diversity in a Rayleigh fading environment[J]. IEEE Journal on Selected Areas in Communications, 1987, 5(5): 871-878.

[19] FOSCHINI G J. Layered space-time architecture for wireless communication in a fading environment when using multi-element antennas[J]. Bell Labs Technical Journal, 1996, 1(2): 41-59.

[20] FOSCHINI G J, GANS M J. On limits of wireless communications in a fading environment when using multiple antennas[J]. Wireless Personal Communications, 1998, 6(3): 311-335.

[21] TELATAR E. Capacity of multi-antenna Gaussian channels[J]. European Transactions on Telecommunications, 1999, 10(6): 585-595.

[22] SENDONARIS A, ERKIP E, AAZHANG B. User cooperation diversity-part I: system description [J]. IEEE Transactions on Communications, 2003, 51(11): 1927-1938.

[23] SENDONARIS A, ERKIP E, AAZHANG B. User cooperation diversity part II: implementation aspects and performance analysis[J]. IEEE Transactions on Communications,

2003, 51(11): 1939-1948.

[24] SCHAD A, CHEN H, GERSHMAN A B, et al. Filter-and-forward multiple peer-to-peer beamforming in relay networks with frequency selective channels[C]//Proceedings of 2010 IEEE International Conference on Acoustics, Speech and Signal Processing. Piscataway: IEEE Press, 2010: 3246-3249.

[25] JING Y D, JAFARKHANI H. Network beamforming using relays with perfect channel information[J]. IEEE Transactions on Information Theory, 2009, 55(6): 2499-2517.

[26] SHEN X, LIU P, HUANG J, et al. Characteristics of collaborative beamforming for wireless sensor networks in phase noise environments[C]//Proceedings of 2013 IEEE International Conference on Information and Automation (ICIA). Piscataway: IEEE Press, 2013: 419-423.

[27] LOVE D J, HEATH R W, STROHMER T. Grassmannian beamforming for multiple-input multiple-output wireless systems[C]//Proceedings of IEEE International Conference on Communication. Piscataway: IEEE Press, 2003: 2618-2622.

[28] MUKKAVILLI K K, SABHARWAL A, ERKIP E, et al. On beamforming with finite rate feedback in multiple-antenna systems[J]. IEEE Transactions on Information Theory, 2003, 49(10): 2562-2579.

[29] RALEIGH G G, CIOFFI J M. Spatio-temporal coding for wireless communication[J]. IEEE Transactions on Communications, 1998, 46(3): 357-366.

[30] SCAGLIONE A, BARBAROSSA S, GIANNAKIS G B. Filterbank transceivers optimizing information rate in block transmissions over dispersive channels[J]. IEEE Transactions on Information Theory, 1999, 45(3): 1019-1032.

[31] SCAGLIONE A, GIANNAKIS G B, BARBAROSSA S. Redundant filterbank precoders and equalizers I: unification and optimal designs[J]. IEEE Transactions on Signal Processing, 1999, 47(7): 1988-2006.

[32] TU Z Y, BLUM R S. Multiuser diversity for a dirty paper approach[J]. IEEE Communications Letters, 2003, 7(8): 370-372.

[33] STANKOVIC V, HAARDT M. Successive optimization Tomlinson-Harashima precoding (SO THP) for multi-user MIMO systems[C]//Proceedings of IEEE International Conference on Acoustics, Speech, and Signal Processing. Piscataway: IEEE Press, 2005:

1117-1120.

[34] HOCHWALD B M, PEEL C B, SWINDLEHURST A L. A vector-perturbation technique for near-capacity multiantenna multiuser communication-part Ⅱ: perturbation[J]. IEEE Transactions on Communications, 2005, 53(3): 537-544.

[35] CAIRE G, SHAMAI S. On the achievable throughput of a multiantenna Gaussian broadcast channel[J]. IEEE Transactions on Information Theory, 2003, 49(7): 1691-1706.

[36] SPENCER Q H, SWINDLEHURST A L, HAARDT M. Zero-forcing methods for downlink spatial multiplexing in multiuser MIMO channels[J]. IEEE Transactions on Signal Processing, 2004, 52(2): 461-471.

[37] CHOI L U, MURCH R D. A transmit preprocessing technique for multiuser MIMO systems using a decomposition approach[J]. IEEE Transactions on Wireless Communications, 2004, 3(1): 20-24.

[38] SHEN Z K, CHEN R H, ANDREWS J G, et al. Sum capacity of multiuser MIMO broadcast channels with block diagonalization[C]//Proceedings of 2006 IEEE International Symposium on Information Theory. Piscataway: IEEE Press, 2006: 886-890.

[39] JOUNG J, LEE Y H. Regularized channel diagonalization for multiuser MIMO downlink using a modified MMSE criterion[J]. IEEE Transactions on Signal Processing, 2007, 55(4): 1573-1579.

[40] KOBAYASHI M, DEBBAH M, SHAMAI S. Secured communication over frequency-selective fading channels: a practical Vandermonde precoding[J]. EURASIP Journal on Wireless Communications and Networking, 2009: doi.org/10.1155/2009/386547.

[41] GERACI G, EGAN M, YUAN J H, et al. Secrecy sum-rates for multi-user MIMO regularized channel inversion precoding[J]. IEEE Transactions on Communications, 2012, 60(11): 3472-3482.

[42] HE F M, MAN H, WANG W. Maximal ratio diversity combining enhanced security[J]. IEEE Communications Letters, 2011, 15(5): 509-511.

[43] TANG L, LIU H, WU J H. Optimal MISO secrecy beamforming via quasi-convex programming with rank-one transmit covariance guarantee[C]//Proceedings of the 6th International Wireless Communications and Mobile Computing Conference. New York: ACM Press, 2010: 104-108.

[44] BIAGI M B, BACCARELLI E, CORDESCHI N, et al. SDMA with secrecy constraints[C]//Proceedings of 2010 IEEE Sarnoff Symposium. Piscataway: IEEE Press, 2010: 1-6.

[45] QIN H H, CHEN X, SUN Y, et al. Optimal power allocation for joint beamforming and artificial noise design in secure wireless communications[C]//Proceedings of 2011 IEEE International Conference on Communications Workshops (ICC). Piscataway: IEEE Press, 2011: 1-5.

[46] SWINDLEHURST A L. Fixed SINR solutions for the MIMO wiretap channel[C]//Proceedings of 2009 IEEE International Conference on Acoustics, Speech and Signal Processing. Piscataway: IEEE Press, 2009: 2437-2440.

[47] CHI K Y, HUANG Y Z, YANG Q Q. MIMO precoding design with QoS and per-antenna power constraints[J]. arXiv Preprint, arXiv: 2306.02343v1, 2023.

[48] LIU Y L, SU Z, ZHANG C. Minimization of secrecy outage probability in reconfigurable intelligent surface-assisted MIMOME system[J]. arXiv Preprint, arXiv: 2205.00204, 2022.

[49] WANG K, WANG X Y, ZHANG X D. SLNR-based transmit beamforming for MIMO wiretap channel[J]. Wireless Personal Communications, 2013, 71(1): 109-121.

[50] HUANG J, SWINDLEHURST A L. Robust secure transmission in MISO channels based on worst-case optimization[J]. IEEE Transactions on Signal Processing, 2012, 60(4): 1696-1707.

[51] LANEMAN J N, WORNELL G W. Distributed space-time-coded protocols for exploiting cooperative diversity in wireless networks[J]. IEEE Transactions on Information Theory, 2003, 49(10): 2415-2425.

[52] JING Y D, HASSIBI B. Distributed space-time coding in wireless relay networks[J]. IEEE Transactions on Wireless Communications, 2006, 5(12): 3524-3536.

[53] JING Y D, JAFARKHANI H. Using orthogonal and quasi-orthogonal designs in wireless relay networks[J]. IEEE Transactions on Information Theory, 2007, 53(11): 4106-4118.

[54] JING Y D, JAFARKHANI H. Distributed differential space-time coding for wireless relay networks[J]. IEEE Transactions on Communications, 2008, 56(7): 1092-1100.

[55] MAHAM B, HJORUNGNES A, ABREU G. Distributed GABBA space-time codes in amplify-and-forward relay networks[J]. IEEE Transactions on Wireless Communications,

2009, 8(4): 2036-2045.

[56] LI Z, XIA X G, LEE M H. A simple orthogonal space-time coding scheme for asynchronous cooperative systems for frequency selective fading channels[J]. IEEE Transactions on Communications, 2010, 58(8): 2219-2224.

[57] WANG W J, JIN S, GAO X Q, et al. Power allocation strategies for distributed space-time codes in two-way relay networks[J]. IEEE Transactions on Signal Processing, 2010, 58(10): 5331-5339.

[58] HUO Q, SONG L Y, LI Y H, et al. A distributed differential space-time coding scheme with analog network coding in two-way relay networks[C]//Proceedings of 2012 IEEE Global Communications Conference (GLOBECOM). Piscataway: IEEE Press, 2013: 4719-4724.

[59] YIU S, SCHOBER R, LAMPE L. Distributed space-time block coding[J]. IEEE Transactions on Communications, 2006, 54(7): 1195-1206.

[60] MERGEN B S, SCAGLIONE A. Randomized space-time coding for distributed cooperative communication[C]//Proceedings of 2006 IEEE International Conference on Communications. Piscataway: IEEE Press, 2006: 4501-4506.

[61] CHANG T H, MA W K, HUANG C Y, et al. Noncoherent OSTBC-OFDM for MIMO and cooperative communications: perfect channel identifiability and achievable diversity order[J]. IEEE Transactions on Signal Processing, 2012, 60(9): 4849-4863.

[62] BAGHERI S, VERDE F, DARSENA D, et al. Randomized decode-and-forward strategies for two-way relay networks[J]. IEEE Transactions on Wireless Communications, 2011, 10(12): 4214-4225.

[63] BLANCO L, NÁJAR M. Sparse multiple relay selection for network beamforming with individual power constraints using semidefinite relaxation[J]. IEEE Transactions on Wireless Communications, 2016, 15(2): 1206-1217.

[64] GERSHMAN A B, SIDIROPOULOS N D, SHAHBAZPANAHI S, et al. Convex optimization-based beamforming[J]. IEEE Signal Processing Magazine, 2010, 27(3): 62-75.

[65] HAVARY-NASSAB V, SHAHBAZPANAHI S, GRAMI A, et al. Distributed beamforming for relay networks based on second-order statistics of the channel state information[J]. IEEE Transactions on Signal Processing, 2008, 56(9): 4306-4316.

[66] LI J Y, PETROPULU A P, POOR H V. Cooperative transmission for relay networks based

on second-order statistics of channel state information[J]. IEEE Transactions on Signal Processing, 2011, 59(3): 1280-1291.

[67] KIM S, PARK J H, PARK D J. Beamforming of amplify-and-forward relays under individual power constraints[J]. IEEE Journal on Selected Areas in Communications, 2012, 30(8): 1347-1357.

[68] ZHENG G, WONG K K, PAULRAJ A, et al. Collaborative-relay beamforming with perfect CSI: optimum and distributed implementation[J]. IEEE Signal Processing Letters, 2009, 16(4): 257-260.

[69] CHEN H H, GERSHMAN A B, SHAHBAZPANAHI S. Filter-and-forward distributed beamforming in relay networks with frequency selective fading[J]. IEEE Transactions on Signal Processing, 2010, 58(3): 1251-1262.

[70] CHENG W J, HUANG Q F, GHOGHO M, et al. Distributed beamforming for OFDM-based cooperative relay networks under total and per-relay power constraints[C]//Proceedings of 2011 IEEE International Conference on Acoustics, Speech and Signal Processing (ICASSP). Piscataway: IEEE Press, 2011: 3328-3331.

[71] SCHAD A, GERSHMAN A B, SHAHBAZPANAHI S. Capacity maximization for distributed beamforming in one- and bi-directional relay networks[C]//Proceedings of 2011 IEEE International Conference on Acoustics, Speech and Signal Processing (ICASSP). Piscataway: IEEE Press, 2011: 2804-2807.

[72] CHEN H H, GERSHMAN A B, SHAHBAZPANAHI S. Distributed peer-to-peer beamforming for multiuser relay networks[C]//Proceedings of 2009 IEEE International Conference on Acoustics, Speech and Signal Processing. Piscataway: IEEE Press, 2009: 2265-2268.

[73] SHEN H, XU W, WANG J H, et al. A worst-case robust beamforming design for multi-antenna AF relaying[J]. IEEE Communications Letters, 2013, 17(4): 713-716.

[74] ZHENG D, LIU J, WONG K K, et al. Robust peer-to-peer collaborative-relay beamforming with ellipsoidal CSI uncertainties[J]. IEEE Communications Letters, 2012, 16(4): 442-445.

[75] TAO M X, WANG R. Robust relay beamforming for two-way relay networks[J]. IEEE Communications Letters, 2012, 16(7): 1052-1055.

[76] SHAHBAZPANAHI S, DONG M. A semi-closed-form solution to optimal distributed beamforming for two-way relay networks[J]. IEEE Transactions on Signal Processing, 2012, 60(3): 1511-1516.

[77] BOYD S, VANDENBERGHE L. Convex optimization[M]. Cambridge: Cambridge University Press, 2004.

[78] OOHAMA Y. Capacity theorems for relay channels with confidential messages[C]//Proceedings of 2007 IEEE International Symposium on Information Theory. Piscataway: IEEE Press, 2008: 926-930.

[79] HE X, YENER A. Providing secrecy with structured codes: tools and applications to gaussian two-user channels[J]. IEEE Transactions on Information Theory, 2009:doi.org/abs/0907.5388.

[80] LI J Y, PETROPULU A P, WEBER S. On cooperative relaying schemes for wireless physical layer security[J]. IEEE Transactions on Signal Processing, 2011, 59(10): 4985-4997.

[81] LIANG Y, XIAO L, YANG D, et al. Joint trajectory and resource optimization for UAV-aided two-way relay networks[J]. IEEE Transactions on Vehicular Technology, 2022, 71(1): 639-652.

[82] WANG T R, GIANNAKIS G B. Mutual information jammer-relay games[J]. IEEE Transactions on Information Forensics and Security, 2008, 3(2): 290-303.

[83] BAO V N Q, LINH-TRUNG N, DEBBAH M. Relay selection schemes for dual-hop networks under security constraints with multiple eavesdroppers[J]. IEEE Transactions on Wireless Communications, 2013, 12(12): 6076-6085.

[84] KRIKIDIS I, THOMPSON J S, MCLAUGHLIN S. Relay selection for secure cooperative networks with jamming[J]. IEEE Transactions on Wireless Communications, 2009, 8(10): 5003-5011.

[85] CHEN J C, ZHANG R Q, SONG L Y, et al. Joint relay and jammer selection for secure two-way relay networks[J]. IEEE Transactions on Information Forensics and Security, 2012, 7(1): 310-320.

[86] EL-MALEK A H A, SALHAB A M, ZUMMO S A. Optimal power allocation for enhancing physical layer security in opportunistic relay networks in the presence of co-channel interference[C]//Proceedings of 2015 IEEE Global Communications Conference

(GLOBECOM). Piscataway: IEEE Press, 2016: 1-6.

[87] DONG L, YOUSEFI Z H, JAFARKHANI H. Cooperative jamming and power allocation for wireless relay networks in presence of eavesdropper[C]//Proceedings of 2011 IEEE International Conference on Communications (ICC). Piscataway: IEEE Press, 2011: 1-5.

[88] HUANG J, SWINDLEHURST A L. Secure communications via cooperative jamming in two-hop relay systems[C]//Proceedings of 2010 IEEE Global Telecommunications Conference GLOBECOM. Piscataway: IEEE Press, 2011: 1-5.

[89] HERO A O. Secure space-time communication[J]. IEEE Transactions on Information Theory, 2003, 49(12): 3235-3249.

[90] KHISTI A, WORNELL G W. Secure transmission with multiple antennas I: the MISOME wiretap channel[J]. IEEE Transactions on Information Theory, 2010, 56(7): 3088-3104.

[91] PARADA P, BLAHUT R. Secrecy capacity of SIMO and slow fading channels[C]//Proceedings of International Symposium on Information Theory. Piscataway: IEEE Press, 2005: 2152-2155.

[92] OGGIER F, HASSIBI B. The secrecy capacity of the MIMO wiretap channel[J]. IEEE Transactions on Information Theory, 2011, 57(8): 4961-4972.

[93] KHISTI A, WORNELL G, WIESEL A, et al. On the Gaussian MIMO wiretap channel[C]//Proceedings of 2007 IEEE International Symposium on Information Theory. Piscataway: IEEE Press, 2008: 2471-2475.

[94] BARROS J, D RODRIGUES M R. Secrecy capacity of wireless channels[C]//Proceedings of 2006 IEEE International Symposium on Information Theory. Piscataway: IEEE Press, 2006: 356-360.

[95] LIU T, SHAMAI S. A note on the secrecy capacity of the multiple-antenna wiretap channel[J]. IEEE Transactions on Information Theory, 2009, 55(6): 2547-2553.

[96] BUSTIN R, LIU R H, POOR H V, et al. An MMSE approach to the secrecy capacity of the MIMO Gaussian wiretap channel[C]//Proceedings of 2009 IEEE International Symposium on Information Theory. Piscataway: IEEE Press, 2009: 2602-2606.

[97] GUO D N, SHAMAI S, VERDU S. Mutual information and minimum mean-square error in Gaussian channels[J]. IEEE Transactions on Information Theory, 2005, 51(4): 1261-1282.

[98] FAKOORIAN S A A, SWINDLEHURST A L. Optimal power allocation for GSVD-based beamforming in the MIMO Gaussian wiretap channel[C]//Proceedings of 2012 IEEE International Symposium on Information Theory Proceedings. Piscataway: IEEE Press, 2012: 2321-2325.

[99] ZHANG L, CHEN X Q, LIU S. et al. Space-time-coding digital metasurfaces[J]. Nature Communications. 2018: doi.org/10.1038/s41467-018-06802-0.

[100] MUKHERJEE A, SWINDLEHURST A L. Utility of beamforming strategies for secrecy in multiuser MIMO wiretap channels[C]//Proceedings of 2009 47th Annual Allerton Conference on Communication, Control, and Computing (Allerton). Piscataway: IEEE Press, 2010: 1134-1141.

[101] GERACI G, SINGH S, ANDREWS J G, et al. Secrecy rates in broadcast channels with confidential messages and external eavesdroppers[J]. IEEE Transactions on Wireless Communications, 2014, 13(5): 2931-2943.

[102] YANG N, YEOH P L, ELKASHLAN M, et al. Transmit antenna selection for security enhancement in MIMO wiretap channels[J]. IEEE Transactions on Communications, 2013, 61(1): 144-154.

[103] MUKHERJEE A, SWINDLEHURST A L. User selection in multiuser MIMO systems with secrecy considerations[C]//Proceedings of 2009 Conference Record of the Forty-Third Asilomar Conference on Signals, Systems and Computers. Piscataway: IEEE Press, 2010: 1479-1482.

[104] ZAHURUL I M, RATNARAJAH T. Secrecy capacity and secure outage performance for Rayleigh fading SIMO channel[C]//Proceedings of 2011 IEEE International Conference on Acoustics, Speech and Signal Processing (ICASSP). Piscataway: IEEE Press, 2011: 1900-1903.

[105] SARKAR M Z I, RATNARAJAH T. Secure communications through Rayleigh fading SIMO channel with multiple eavesdroppers[C]//Proceedings of 2010 IEEE International Conference on Communications. Piscataway: IEEE Press, 2010: 1-5.

[106] PENG Z J, XU W, ZHU J, et al. On performance and feedback strategy of secure multiuser communications with MMSE channel estimate[J]. IEEE Transactions on Wireless Communications, 2016, 15(2): 1602-1616.

[107] GERBRACHT S, SCHEUNERT C, JORSWIECK E A. Secrecy outage in MISO systems with partial channel information[J]. IEEE Transactions on Information Forensics and Security, 2012, 7(2): 704-716.

[108] LI Q, MA W K. Optimal and robust transmit designs for MISO channel secrecy by semidefinite programming[J]. IEEE Transactions on Signal Processing, 2011, 59(8): 3799-3812.

[109] NEGI R, GOEL S. Secret communication using artificial noise[C]//Proceedings of IEEE 62nd Vehicular Technology Conference. Piscataway: IEEE Press, 2005: 1906-1910.

[110] ZHAO L K, JIN L, MA K M. The signal subspace artificial noise space-hopping method of physical layer security[J]. Journal of Signal Processing, 2014, 30(2): 172-180.

[111] LIN P H, LAI S H, LIN S C, et al. On secrecy rate of the generalized artificial-noise assisted secure beamforming for wiretap channels[J]. IEEE Journal on Selected Areas in Communications, 2013, 31(9): 1728-1740.

[112] KHISTI A. Algorithms and architectures for multiuser, multiterminal, multi-layer information theoretic security[D]. Cambridge: MIT Press, 2008.

[113] HISTI A, WORNELL G W. Secure transmission with multiple antennas I: the MISOME channel[J]. IEEE Transactions on Information Theory, 2010, 56(11): 3088-3104.

[114] MUKHERJEE A, SWINDLEHURST A L. Robust beamforming for security in MIMO wiretap channels with imperfect CSI[J]. IEEE Transactions on Signal Processing, 2011, 59(1): 351-361.

[115] MA S C, HEMPEL M, YANG Y Q, et al. A new approach to null space-based noise signal generation for secure wireless communications in transmit-receive diversity systems[C]//Proceedings of 2010 IEEE International Conference on Wireless Communications, Networking and Information Security. Piscataway: IEEE Press, 2010: 406-410.

[116] ZHOU X Y, MCKAY M R. Physical layer security with artificial noise: secrecy capacity and optimal power allocation[C]//Proceedings of 2009 3rd International Conference on Signal Processing and Communication Systems. Piscataway: IEEE Press, 2009: 1-5.

[117] ZHOU X Y, MCKAY M R. Secure transmission with artificial noise over fading channels: achievable rate and optimal power allocation[J]. IEEE Transactions on Vehicular Technology, 2010, 59(8): 3831-3842.

[118] ROMERO-ZURITA N, GHOGHO M, MCLERNON D. Outage probability based power distribution between data and artificial noise for physical layer security[J]. IEEE Signal Processing Letters, 2012, 19(2): 71-74.

[119] XIONG J, WONG K K, MA D T, et al. A closed-form power allocation for minimizing secrecy outage probability for MISO wiretap channels via masked beamforming[J]. IEEE Communications Letters, 2012, 16(9): 1496-1499.

[120] MUKHERJEE A, SWINDLEHURST A L. Fixed-rate power allocation strategies for enhanced secrecy in MIMO wiretap channels[C]//Proceedings of 2009 IEEE 10th Workshop on Signal Processing Advances in Wireless Communications. Piscataway: IEEE Press, 2009: 344-348.

[121] NG D W K, LO E S, SCHOBER R. Robust beamforming for secure communication in systems with wireless information and power transfer[J]. IEEE Transactions on Wireless Communications, 2014, 13(8): 4599-4615.

[122] LIAO W C, CHANG T H, MA W K, et al. QoS-based transmit beamforming in the presence of eavesdroppers: an optimized artificial-noise-aided approach[J]. IEEE Transactions on Signal Processing, 2011, 59(3): 1202-1216.

[123] LUO W Y, JIN L, HUANG K Z, et al. User selection and resource allocation for secure multiuser MISO-OFDMA systems[J]. Electronics Letters, 2011, 47(15): 884.

[124] CHANG T H, CHIANG W C, PETER H Y W, et al. Training sequence design for discriminatory channel estimation in wireless MIMO systems[J]. IEEE Transactions on Signal Processing, 2010, 58(12): 6223-6237.

[125] YANG J, KIM I M, KIM D I. Optimal cooperative jamming for multiuser broadcast channel with multiple eavesdroppers[J]. IEEE Transactions on Wireless Communications, 2013, 12(6): 2840-2852.

[126] LIANG Y L, WANG Y S, CHANG T H, et al. On the impact of quantized channel feedback in guaranteeing secrecy with artificial noise[C]//Proceedings of 2009 IEEE International Symposium on Information Theory. Piscataway: IEEE Press, 2009: 2351-2355.

[127] PEI M Y, WEI J B, WONG K K, et al. Masked beamforming for multiuser MIMO wiretap channels with imperfect CSI[J]. IEEE Transactions on Wireless Communications, 2012, 11(2): 544-549.

[128] LI X H, HWU J, RATAZZI E P. Using antenna array redundancy and channel diversity for secure wireless transmissions[J]. Journal of Communications, 2007, 2(3): 24-32.

[129] CHI Y, FENG C, CHEN H, et al. Blind equalization and system identification[M]. London: Springer-Verlag, 2006.

[130] HUA Y B, AN S J, XIANG Y. Blind identification of FIR MIMO channels by decorrelating subchannels[J]. IEEE Transactions on Signal Processing, 2003, 51(5): 1143-1155.

[131] 穆鹏程, 殷勤业, 王文杰. 无线通信中使用随机天线阵列的物理层安全传输方法[J]. 西安交通大学学报, 2010, 44(6): 62-66.

[132] CHENG J P, LI Y H, YEH P C, et al. MIMO-OFDM PHY integrated (MOPI) scheme for confidential wireless transmission[C]//Proceedings of 2010 IEEE Wireless Communication and Networking Conference. Piscataway: IEEE Press, 2010: 1-6.

[133] LI Z, XIA X G. A distributed differentially encoded OFDM scheme for asynchronous co-operative systems with low probability of interception[J]. IEEE Transactions on Wireless Communications, 2009, 8(7): 3372-3379.

[134] REBOREDO H, ARA M, RODRIGUES M R D, et al. Filter design with secrecy constraints: the degraded multiple-input multiple-output Gaussian wiretap channel[C]//Proceedings of 2011 IEEE 73rd Vehicular Technology Conference (VTC Spring). Piscataway: IEEE Press, 2011: 1-5.

[135] MEULEN V D, EDWARD C. Three-terminal communication channels[J]. Advances in Applied Probability, 1971, 3(1): 120-154.

[136] COVER T, GAMAL A E. Capacity theorems for the relay channel[J]. IEEE Transactions on Information Theory, 1979, 25(5): 572-584.

[137] LAI L F, GAMAL H E. The relay-eavesdropper channel: cooperation for secrecy[J]. IEEE Transactions on Information Theory, 2008, 54(9): 4005-4019.

[138] YUKSEL M, ERKIP E. The relay channel with a wire-tapper[C]//Proceedings of 2007 41st Annual Conference on Information Sciences and Systems. Piscataway: IEEE Press, 2007: 13-18.

[139] OOHAMA Y. Capacity theorems for relay channels with confidential messages[C]//Proceedings of IEEE International Symposium on Information Theory. Piscataway: IEEE Press, 2008: 926-930.

[140] HE X, YENER A. Cooperation with an untrusted relay: a secrecy perspective[J]. IEEE Transactions on Information Theory, 2010, 56(8): 3807-3827.

[141] DABORA R, SERVETTO S D. Broadcast channels with cooperating decoders[J]. IEEE Transactions on Information Theory, 2006, 52(12): 5438-5454.

[142] LIANG Y B, KRAMER G. Rate regions for relay broadcast channels[J]. IEEE Transactions on Information Theory, 2007, 53(10): 3517-3535.

[143] LIANG Y B, VEERAVALLI V V. Cooperative relay broadcast channels[J]. IEEE Transactions on Information Theory, 2007, 53(3): 900-928.

[144] LEE J H. Full-duplex relay for enhancing physical layer security in multi-hop relaying systems[J]. IEEE Communications Letters, 2015, 19(4): 525-528.

[145] DONG L, HAN Z, PETROPULU A P, et al. Improving wireless physical layer security via cooperating relays[J]. IEEE Transactions on Signal Processing, 2010, 58(3): 1875-1888.

[146] EKREM E, ULUKUS S. Secrecy in cooperative relay broadcast channels[J]. IEEE Transactions on Information Theory, 2011, 57(1): 137-155.

[147] MILOSAVLJEVIC N, GASTPAR M, RAMCHANDRAN K. Secure communication using an untrusted relay via sources and channels[C]//Proceedings of 2009 IEEE International Symposium on Information Theory. Piscataway: IEEE Press, 2009: 2457-2461.

[148] YUKSEL M, LIU X, ERKIP E. A secure communication game with a relay helping the eavesdropper[J]. IEEE Transactions on Information Forensics and Security, 2011, 6(3): 818-830.

[149] YUKSEL M, ERKIP E. Secure communication with a relay helping the wire-tapper[C]//Proceedings of 2007 IEEE Information Theory Workshop. Piscataway: IEEE Press, 2007: 595-600.

[150] CHEN X M, ZHONG C J, YUEN C, et al. Multi-antenna relay aided wireless physical layer security[J]. IEEE Communications Magazine, 2015, 53(12): 40-46.

[151] DING Z G, LEUNG K K, GOECKEL D L, et al. On the application of cooperative transmission to secrecy communications[J]. IEEE Journal on Selected Areas in Communications, 2012, 30(2): 359-368.

[152] AL-QAHTANI F S, ZHONG C J, ALNUWEIRI H M. Opportunistic relay selection for secrecy enhancement in cooperative networks[J]. IEEE Transactions on Communications,

2015, 63(5): 1756-1770.

[153] WANG C, WANG H M, XIA X G. Hybrid opportunistic relaying and jamming with power allocation for secure cooperative networks[J]. IEEE Transactions on Wireless Communications, 2015, 14(2): 589-605.

[154] WANG C, WANG H M. Robust joint beamforming and jamming for secure AF networks: low-complexity design[J]. IEEE Transactions on Vehicular Technology, 2015, 64(5): 2192-2198.

[155] ZHANG R, LIANG Y C, CHAI C C, et al. Optimal beamforming for two-way multi-antenna relay channel with analogue network coding[J]. IEEE Journal on Selected Areas in Communications, 2009, 27(5): 699-712.

[156] LIN M L, GE J H, YANG Y, et al. Joint cooperative beamforming and artificial noise design for secrecy sum rate maximization in two-way AF relay networks[J]. IEEE Communications Letters, 2014, 18(2): 380-383.

[157] WANG H M, YIN Q Y, XIA X G. Distributed beamforming for physical-layer security of two-way relay networks[J]. IEEE Transactions on Signal Processing, 2012, 60(7): 3532-3545.

[158] GOEL S, NEGI R. Guaranteeing secrecy using artificial noise[J]. IEEE Transactions on Wireless Communications, 2008, 7(6): 2180-2189.

[159] WANG J Q, SWINDLEHURST A L. Cooperative jamming in MIMO ad-hoc networks[C]//Proceedings of 2009 Conference Record of the Forty-Third Asilomar Conference on Signals, Systems and Computers. Piscataway: IEEE Press, 2010: 1719-1723.

[160] ZHENG G, CHOO L C, WONG K K. Optimal cooperative jamming to enhance physical layer security using relays[J]. IEEE Transactions on Signal Processing, 2011, 59(3): 1317-1322.

[161] MA Z, LU Y, SHEN L, et al. Cooperative jamming and relay beamforming design for physical layer secure two-way relaying[C]//Proceedings of 2018 International Conference on Cyber-Enabled Distributed Computing and Knowledge Discovery. Piscataway: IEEE Press, 2018: 1-7.

[162] HATAMI M, JAHANDIDEH M, BEHROOZI H. Two-phase cooperative jamming and beamforming for physical layer secrecy[C]//Proceedings of 2015 23rd Iranian Conference

on Electrical Engineering. Piscataway: IEEE Press, 2015: 456-461.

[163] LIU Y P, LI J Y, PETROPULU A P. Destination assisted cooperative jamming for wireless physical-layer security[J]. IEEE Transactions on Information Forensics and Security, 2013, 8(4): 682-694.

[164] TEKIN E, YENER A. The general Gaussian multiple-access and two-way wiretap channels: achievable rates and cooperative jamming[J]. IEEE Transactions on Information Theory, 2008, 54(6): 2735-2751.

[165] ZHANG R Q, SONG L Y, HAN Z, et al. Physical layer security for two-way untrusted relaying with friendly jammers[J]. IEEE Transactions on Vehicular Technology, 2012, 61(8): 3693-3704.

[166] PARSAEEFARD S, LE-NGOC T. Improving wireless secrecy rate via full-duplex relay-assisted protocols[J]. IEEE Transactions on Information Forensics and Security, 2015, 10(10): 2095-2107.

[167] WANG H M, LUO M, XIA X G, et al. Joint cooperative beamforming and jamming to secure AF relay systems with individual power constraint and no eavesdropper's CSI[J]. IEEE Signal Processing Letters, 2013, 20(1): 39-42.

[168] WANG H M, LUO M, YIN Q Y, et al. Hybrid cooperative beamforming and jamming for physical-layer security of two-way relay networks[J]. IEEE Transactions on Information Forensics and Security, 2013, 8(12): 2007-2020.

[169] WANG C, WANG H M, NG D W K, et al. Joint beamforming and power allocation for secrecy in peer-to-peer relay networks[J]. IEEE Transactions on Wireless Communications, 2015, 14(6): 3280-3293.

第 2 章 基于无线协同中继信道的物理层安全相关基础

2.1 信息论基础

信息论是运用概率论与数理统计的方法研究信息、信息熵、通信系统、数据传输、数据压缩、密码学等问题的一门应用数学学科。一般来说，信息论理论基础的建立始于香农在研究通信系统时所发表的论文，香农于 1948 年奠定了信息论的基础，他指出了通信的极限。但信息在最早时期的定义是由奈奎斯特和哈特莱在 20 世纪 20 年代提出的。前人的研究工作给香农带来了很大的启发，后来香农对通信和密码进行了深入研究，并科学地给出了信息的定量描述。信息论将信息的传递作为一种统计现象来考虑，给出了估算通信信道容量的方法。本节将对信息论中关于信息的一些常用概念以及后续内容涉及的重要定理进行简单介绍。图 2-1 所示为各种熵之间的关系，下面将具体给出涉及的熵的定义。

定义 2-1 具有概率为 $p(x_i)$ 的符号 x_i 的自信息量为

$$I(x_i)=-\operatorname{lb} p(x_i) \tag{2-1}$$

自信息量的单位与所用的对数底数有关，在信息论中常用的对数底数是 2，信息量的单位为比特。

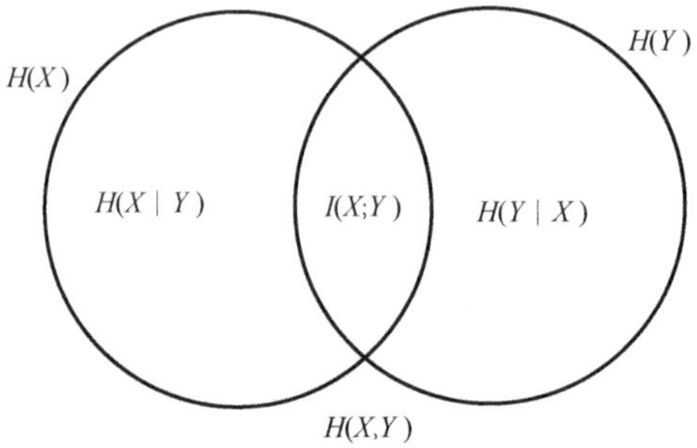

图 2-1　各种熵之间的关系

定义 2-2　假设两个随机变量(X, Y)的联合分布为$p(x,y)$，边缘分布分别为$p(x)$、$p(y)$，互信息$I(X;Y)$是联合分布$p(x,y)$与边缘分布$p(x)$、$p(y)$的相对熵，即

$$I(X;Y)=\sum_{x\in X,y\in Y}p(x,y)\mathrm{lb}\frac{p(x,y)}{p(x)p(y)} \tag{2-2}$$

互信息是信息论里的一种重要的信息度量，它可以看作一个随机变量中包含的关于另一个随机变量的信息量，或者说是一个随机变量由于已知另一个随机变量而减少的不确定性。

定义 2-3　若两个符号的出现是相互联系的，则可用条件概率$p(x_i,y_j)$来表示，它的条件自信息量定义为

$$I(x_i|y_j)=-\mathrm{lb}\,p(x_i|y_j) \tag{2-3}$$

定义 2-4　设x为取值于集合X的一个随机变量，其概率分布P_X，则集合X的香农熵为

$$H(x)=-\sum_{x\in X}P_X(x)\mathrm{lb}\,P_X(x) \tag{2-4}$$

定义 2-5　设x和y分别为集合X和集合Y中的两个随机变量，其概率分布分别为P_X和P_Y，双方的联合概率分布为P_{XY}。则集合X与集合Y的互信息定义为

$$I(X;Y)=\sum_{x\in X}\sum_{y\in Y}P_{XY}(xy)\mathrm{lb}\frac{P_{XY}(x|y)}{P_Y(y)} \tag{2-5}$$

互信息和香农熵之间的关系式为

$$I(X;Y)=H(X)-H(X|Y)=H(Y)-H(Y|X) \tag{2-6}$$

定理 2-1　对于联合信源（X,Y）的分布式信源编码问题，可达码速率区域可表示为

$$\begin{aligned} &R_1 \geqslant H(X|Y) \\ &R_2 \geqslant H(Y|X) \\ &R_1+R_2 \geqslant H(X,Y) \end{aligned} \tag{2-7}$$

以上定理表明，对信源（X,Y）分开编码，总码速率 $R_1+R_2=H(X,Y)$ 是可达的，信源（X, Y）的最小码速率分别为 $R_1=H(X|Y)$ 和 $R_2=H(Y|X)$。

2.2　物理层安全基础

信道容量作为物理层安全研究的理论基础，被定义为当信道能无差错传输信息时用户能够实现的最大平均信息速率[1]。根据香农定理，在加性白高斯噪声（Additive White Gaussian Noise，AWGN）信道条件下，信道容量可以表示为

$$C=B\mathrm{lb}\left(1+\frac{S}{N}\right) \tag{2-8}$$

其中，B 为带宽，S 和 N 分别为有用信号功率和噪声信号功率，$\frac{S}{N}$ 为对应的信噪比。

基于信道容量的定义，可以表示信道安全容量。当窃听信道同为 AWGN 时，信道安全容量被定义为合法信道容量与窃听信道容量的差值，其表达式为

$$C_{\mathrm{S}}=C_{\mathrm{B}}-C_{\mathrm{E}} \tag{2-9}$$

其中，C_{B} 和 C_{E} 分别表示合法目标节点 Bob 和窃听节点 Eve 的信道容量。信道安全容量作为评价系统物理层安全性能的通用度量，表示系统能够进行安全传输的最大信息速率。当 $C_{\mathrm{B}}<C_{\mathrm{E}}$ 时，系统信道安全容量为零，发送端和接收端无法实现安全传输。

物理层安全技术以信息论为基础，通过利用无线信道的自身特性（如衰落、噪声和干扰等），在不引入额外的频谱资源消耗和较大信令开销的前提下，实现了保密信息的安全传输。因此，从物理层安全的角度采用相关的通信策略来提高合法目标节点的传输速率并降低窃听节点的窃听速率，能有效地提高系统的安全性能[2]。

2.3 协同中继技术

协同中继技术作为扩大信号覆盖范围、提高系统吞吐量的有效方法之一，在无线通信系统中得到广泛应用。在协同中继网络中，中继节点可充当多种角色。当发送端与接收端之间由于路径损耗和障碍物遮挡等原因无法直接通信时，中继节点可作为协同节点，对来自发送端的信号进行相应处理，再转发至接收端，进而实现收发双方的可靠通信。此外，当通信网络中存在非法节点时，中继节点又可作为协同干扰节点向外广播人工噪声，进而有效降低窃听节点的接收信噪比，实现信息的安全传输[3-4]。为此，本节将从中继转发协议、中继传输模式和人工噪声技术 3 个方面对物理层安全中常用的协同中继技术进行相应的介绍。

2.3.1 中继转发协议

在协同中继网络中，按照转发协议对中继转发方式进行分类，主要可以分为译码转发（DF）方式、放大转发（AF）方式及编码协作（Coded Cooperation，CC）转发方式[5]。

（1）DF 方式

DF 方式是一种数字信号处理方式。中继节点接收到来自发送端的合法信号后，首先对接收信号进行译码，然后采用与发送端相同的编码方式对信息进行重新编码，最后将信息转发到合法目标节点。故 DF 方式属于一种可再生中继转发方式。在中继译码信息无误的前提下，DF 能够有效降低在传输过程中噪声引入的干扰，从而提高通信质量。但当中继译码信息有误时，则会导致重新编码后的信息也存在差错，进一步增大合法目标节点解码信息的误码率。此外，在对信息保密性能要求较高的实际应用中，由于中继节点不可信，通常不会采用 DF 方式。原因在于非信任中继基于 DF 方式处理信息时可能窃听保密信息，严重威胁通信网络的安全。

基于 DF 协议的协同中继方案的原理是中继节点对接收到的信号进行解码、重编码，然后发送给合法目标节点。中继节点将接收到的信号解码成原信号，再进行加密传输，可以有效避免 AF 技术带来的噪声放大问题。源节点在中继节点的帮助下发送信息到合法目标节点，中继节点和合法目标节点接收到的信号可表示为

$$y_{sr} = \sqrt{P} h_{sr} x + n_{sr} \tag{2-10}$$

$$y_{sd} = \sqrt{P} h_{sd} x + n_{sd} \tag{2-11}$$

其中，P 为源节点发射功率，x 为源节点发送的信号，h_{sr}、h_{sd} 分别为源节点到中继节点链路的信道特性、源节点到合法目标节点链路的信道特性，n_{sr}、n_{sd} 分别为源节点到中继节点、合法目标节点的信道噪声。

中继节点接收到需要转发的信号后，将信号进行解码和重编码后传输，此时合法目标节点接收到的信号可表示为

$$y_{rd} = \alpha h_{rd} z + n_{rd} \tag{2-12}$$

其中，α 表示信道系数，h_{rd} 表示中继节点到合法目标节点链路的信道特性，z 表示中继节点对原信号重编码后转发的信号，n_{rd} 表示对应信道的信道噪声。若协作传输网络中存在窃听节点，则窃听节点收到的信号可分别表示为

$$y_{se} = \sqrt{P} h_{se} x + n_{se} \tag{2-13}$$

$$y_{re} = \sqrt{P} h_{re} z + n_{re} \tag{2-14}$$

其中，h_{se}、h_{re} 分别为源节点到窃听节点链路的信道特性、中继节点到窃听节点链路的信道特性，n_{se}、n_{re} 分别为对应信道的信道噪声。合法目标节点与窃听节点对两条信道收到的信号进行最大比合并处理。

（2）AF 方式

AF 是 3 种转发方式中最简单的一种，中继节点接收到发送端的信号后，不需要解码信号，而是直接采用模拟电路放大信号功率，然后将信号转发到合法目标节点，属于一种非再生中继转发方式。AF 方式的优点在于操作简单、开销小，可以达到满阶分集增益，但也存在一些不足。AF 中继在放大接收信号功率的同时，放大了传输过程中所产生的噪声，当信道条件较差时，不利于合法目标节点提取保密信息[6]。

基于 AF 协议的协同中继方案是一种实现起来相对简单的协同中继方案，其原理是中继节点对接收到的信号按一定比例放大后再转发给合法目标节点。值得注意的是，AF 技术在放大信号的同时也放大了噪声信号，这会使合法目标节点接收到的信号质量变差。源节点在中继节点的帮助下发送信息到合法目标节点，中继节点

和合法目标节点接收到的信号可分别表示为

$$y_{sr} = \sqrt{P}h_{sr}x + n_{sr} \tag{2-15}$$

$$y_{sd} = \sqrt{P}h_{sd}x + n_{sd} \tag{2-16}$$

其中，P 为源节点发射功率，x 为源节点发送的信号，h_{sr}、h_{sd} 分别为源节点到中继节点链路的信道特性、源节点到合法目标节点链路的信道特性，n_{sr}、n_{sd} 分别为中继节点、合法目标节点处的信道噪声。

中继节点接收到需要转发的信号后，将信号乘以一个大于 1 的系数 α 再发送给合法目标节点，此时合法目标节点接收到的信号可表示为

$$y_{rd} = \alpha h_{rd}\left(\sqrt{P}h_{sr}x + n_{sr}\right) + n_{rd} \tag{2-17}$$

其中，h_{rd} 为中继节点到合法目标节点链路的信道特性，n_{rd} 为对应信道的信道噪声。最后合法目标节点会对接收到的信号 y_{sd}、y_{rd} 进行最大比合并处理。当协作传输网络中存在窃听节点时，窃听节点从源节点收到的信号和从中继节点收到的信号可分别表示为

$$y_{se} = \sqrt{P}h_{se}x + n_{se} \tag{2-18}$$

$$y_{re} = \alpha h_{re}\left(\sqrt{P}h_{sr}x + n_{sr}\right) + n_{re} \tag{2-19}$$

其中，h_{se}、h_{re} 分别为源节点到窃听节点链路的信道特性、中继节点到窃听节点链路的信道特性，n_{se}、n_{re} 为对应信道的信道噪声。

（3）CC 方式

CC 方式主要通过将协同中继技术和编码技术相结合来提高网络的传输性能。中继节点接收到信号后，首先对信号进行译码，然后在获得的数据流中添加冗余增量，再采用与源节点不同的编码方式对该数据进行重新编码，最后转发到合法目标节点。与常见的 AF 和 DF 方式相比，CC 方式能够有效提高系统的传输速率和信息可靠性，但中继节点需要对接收信号进行译码并重新编码，这就增加了计算开销，提高了系统复杂度，增加了传输时延，在实际应用中很少采用。

2.3.2 中继传输模式

在传统的中继网络中，通常源节点先将信号发送给中继节点，中继节点再将信

号转发到合法目标节点，信息是单向传输的。后来，随着对协同中继技术研究的深入，研究人员发现中继节点可以同时处理收发双方的信息，实现信息的双向传输。为此，根据中继节点是否同时协助收发双方进行信息互通，中继可以分为单向中继和双向中继[7-8]。

（1）单向中继

单向中继网络模型如图 2-2 所示。由于路径损耗和障碍物遮挡等原因，用户 A 和用户 B 不能直接通信，需在中继节点 R 的协助下才能完成信息传输。在单向中继网络中，A 和 B 之间实现一次信息互通，至少需要 4 个阶段。第 1 阶段，A 首先将信号发送至 R；第 2 阶段，R 对接收信号进行相应的处理，再转发至 B。第 3 阶段和第 4 阶段分别为第 2 阶段和第 1 阶段的逆过程，B 先将信息发送至 R，R 处理信息后将其转发至 A，进而实现 A 与 B 的信息互通。基于上述单向中继转发模式，A 和 B 完成信息互通需要消耗 4 个时隙，通信效率低。

图 2-2　单向中继网络模型

（2）双向中继

基于双向中继转发模式，A 和 B 完成一次信息互通仅需要 3 个或 2 个时隙，双向中继网络模型如图 2-3 所示。其中，对于 3 时隙的双向中继网络，A 和 B 分别在第 1 阶段和第 2 阶段将信号发送至 R，在第 3 阶段，R 对包含 A 和 B 信息的混合信号进行处理，再向外广播，进而实现 A 与 B 的信息互通。需要注意的是，由于 A 与 B 已知自己前面阶段所发送的信息，因此在接收到 R 转发的混合信号后，在理论上可采用自干扰消除技术消除自身信号，进而提取对方发送的信息。2 时隙的双向中继网络是在 3 时隙基础上，将第 1 阶段和第 2 阶段合并，使 A 和 B 同时在第 1 阶段向 R 发送信号，然后 R 在第 2 阶段向 A 和 B 广播混合信号，进而实现双向传输。同理，A 和 B 在接收到 R 转发的混合信号以后，也需要采用自干扰消除技术来提取对方信息。

综上所述，与单向中继传输模式相比，双向中继减少了信息传输所需时隙，通信效率更高，但该方式需要通信节点在收到中继转发的混合信号后能够消除自身信号，且其关键是收发双方能够对 CSI 进行精确估计。而在实际通信场景中，用户通常很难获取准确的 CSI。因此，提高信道估计的准确性也是双向中继网络提升传输性能需要关注的方向。

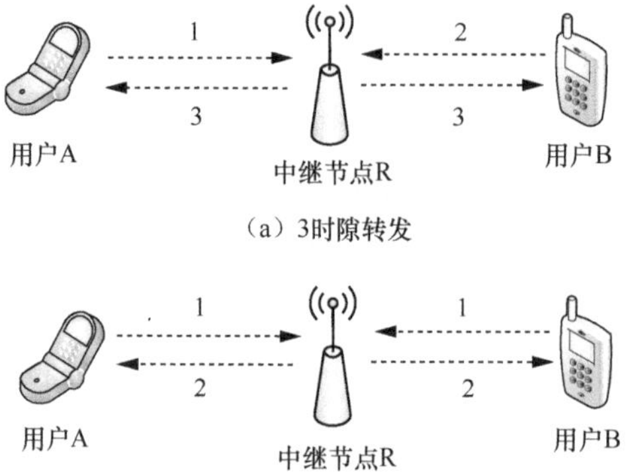

（b）2时隙转发

图 2-3　双向中继网络模型

2.3.3　人工噪声技术

人工噪声技术也是物理层安全中的一种常用技术，其目的在于通过设计一种人工噪声，与发送信号进行调制后传输，在不影响合法目标节点接收信息的情况下，尽可能地干扰窃听节点，从而达到提升无线网络系统保密性能的效果。常见的人工噪声技术应用场景为在源节点发出信息的同时发送人工噪声，由中继节点充当友好的协同干扰节点来发送人工噪声。

假设源节点将合法信号 x 与人工噪声 n_z 调制后发射，合法目标节点与窃听节点接收到的信号可以分别表示为

$$y_{sd} = \sqrt{P}h_{sd}x + \sqrt{P}h_{sd}n_z + n_{sd} \tag{2-20}$$

$$y_{se} = \sqrt{P}h_{se}x + \sqrt{P}h_{se}n_z + n_{se} \tag{2-21}$$

其中，P 为源节点发射功率，h_{sd}、h_{se} 分别为源节点到合法目标节点链路的信道特性、源节点到窃听节点链路的信道特性。n_{sd}、n_{se} 分别为各自信道的噪声。设计人工噪声是为了在不影响合法信道的情况下尽可能地干扰窃听节点，也就是令

$h_{sd}n_z=0$ 且使 $h_{sd}n_z$ 最大化，这样可以将噪声对合法目标节点的影响降低到最小，同时保证了无线系统的安全传输。

当选择由中继节点充当友好的协同干扰节点来发送人工噪声时，合法目标节点与窃听节点接收到的信号可分别表示为

$$y_{sd}=\sqrt{P}h_{sd}x+\sqrt{P_j}h_{jd}\hat{n}_z+n_d \tag{2-22}$$

$$y_{se}=\sqrt{P}h_{se}x+\sqrt{P_j}h_{je}\hat{n}_z+n_e \tag{2-23}$$

其中，P_j 为协同干扰节点发射功率，$\hat{n}_z$ 为干扰节点发送的人工噪声信号，n_d 为合法目标节点处的噪声，n_e 为窃听节点处的噪声。同样地，人工噪声信号设计为满足 $h_{jd}\hat{n}_z=0$ 且使 $h_{je}\hat{n}_z$ 最大化以提升物理层安全性能。

2.4　波束成形技术

波束成形技术会对发送端发送的信号进行预处理再发送，传输信号被设计成与窃听信道特性相乘结果为零，这意味着窃听节点无法窃听到任何有用的信息。波束成形技术会根据当前信道条件来生成特定的波束。假设需要传输的信息为 s，经过预处理后需要添加的系数向量为 $\boldsymbol{w}$，那么处理后广播出去的信息为 $s\boldsymbol{w}$。波束成形处理后的信息的期望方向的信号强度会提高，而其他方向上的信号强度会降低。波束成形技术通常用来调整系统的功率分配，通过对发送信号乘以设置好的权重系数，使信号到达窃听节点时减弱，减少窃听信道的信道容量，同时在接收端方向增强，起到提高系统安全性能的作用[9]。

2.4.1　基于协同中继的波束成形技术

在多个中继节点协作构成虚拟 MIMO 的场景中，通过设计合理的波束成形矩阵能够实现系统的安全传输。为此，在发送端将有用信号与人工噪声叠加发送，并使有用信息的波束成形因子对准合法目标节点，而人工噪声的波束成形矩阵位于合法信道的零空间，进而实现信息的安全传输。基于协同中继的波束成形技术，其基本原理是在传输的第一个时隙，源节点向外广播信息，假设有 N 个协同中继节点，

此时中继节点收到的由源节点发送过来的信号可表示为

$$\boldsymbol{y}_{\mathrm{r}}=\sqrt{P_{\mathrm{s}}}\boldsymbol{h}_{\mathrm{sr}}x+\boldsymbol{n}_{\mathrm{r}} \tag{2-24}$$

其中，$\boldsymbol{y}_{\mathrm{r}}$、$\boldsymbol{h}_{\mathrm{sr}}$、$\boldsymbol{n}_{\mathrm{r}}$ 都是 $N\times 1$ 的矩阵，P_{s} 为源节点的发射功率，$\boldsymbol{h}_{\mathrm{sr}}$、$\boldsymbol{n}_{\mathrm{r}}$ 分别为源节点到中继节点链路的信道增益、中继节点处的信道噪声。此时合法目标节点收到的信号可表示为

$$y_{\mathrm{sd}}=\sqrt{P}h_{\mathrm{sd}}x+n_{\mathrm{sd}} \tag{2-25}$$

其中，h_{sd} 为源节点到合法目标节点链路的信道系数，n_{sd} 为合法目标节点处的信道噪声。此时窃听节点收到的信号可表示为

$$y_{\mathrm{se}}=\sqrt{P}h_{\mathrm{se}}x+n_{\mathrm{se}} \tag{2-26}$$

其中，h_{se} 代表源节点到窃听节点链路的信道系数，n_{se} 为窃听节点处的信道噪声。在信息传输的第二个时隙，由中继节点参与波束成形，对转发信号乘以一个系数向量再发送给合法目标节点。此时合法目标节点收到的信号可表示为

$$\boldsymbol{y}_{\mathrm{rd}}=\sqrt{P_{\mathrm{r}}}\boldsymbol{h}_{\mathrm{rd}}\boldsymbol{w}^{\mathrm{T}}\hat{\boldsymbol{x}}+n_{\mathrm{rd}} \tag{2-27}$$

其中，$\boldsymbol{y}_{\mathrm{rd}}$、$\boldsymbol{h}_{\mathrm{rd}}$、$\boldsymbol{w}$ 都是 $N\times 1$ 的矩阵，P_{r} 为中继节点的发射功率，$\boldsymbol{w}$ 为波束成形系数向量，$()^{\mathrm{T}}$ 代表转置，$\hat{\boldsymbol{x}}$ 为中继节点重新编码的信号矩阵，$\boldsymbol{h}_{\mathrm{rd}}$、$n_{\mathrm{rd}}$ 分别为中继节点到合法目标节点链路的信道系数矩阵、合法目标节点处的信道噪声。同样地，窃听节点也能收到由中继节点发送的信号，即

$$\boldsymbol{y}_{\mathrm{re}}=\sqrt{P_{\mathrm{r}}}\boldsymbol{h}_{\mathrm{re}}\boldsymbol{w}^{\mathrm{T}}\hat{\boldsymbol{x}}+n_{\mathrm{re}} \tag{2-28}$$

其中，$\boldsymbol{y}_{\mathrm{re}}$、$\boldsymbol{h}_{\mathrm{re}}$ 都是 $N\times 1$ 的矩阵，$\boldsymbol{h}_{\mathrm{re}}$、$n_{\mathrm{re}}$ 分别为中继节点到窃听节点链路的信道系数矩阵、窃听节点处的信道噪声。

2.4.2 基于协同干扰的波束成形技术

协同干扰的物理层安全传输策略是由中继节点充当友好的协同干扰节点来辅助源节点与合法目标节点进行合法通信，其中包括机会式中继和机会式干扰。在多

中继节点网络中，机会式中继/干扰能够有效提高系统的安全传输性能并加大协同干扰力度。根据多中继节点所提供的空间自由度，从多个中继中选择两个或者三个节点用于协同转发。其中，选择出一个合法信道质量较好且窃听信道质量较差的中继节点用于协作发送端的信息传输；另外选择一个合法信道质量较差且窃听信道质量较好的中继节点，作为友好的协同干扰节点向外广播人工噪声，来增强对窃听节点的干扰，进而实现安全传输。

基于协同干扰的波束成形技术，其原理为当源节点向外广播信息时，干扰节点同时向外发送人工噪声干扰窃听节点，假设有 N 个协作节点作为干扰。此时合法目标节点收到的信号可表示为

$$y_{\mathrm{d}} = \sqrt{P_{\mathrm{s}}} h_{\mathrm{sd}} x + \sqrt{P_{\mathrm{j}}} \boldsymbol{h}_{\mathrm{jd}} \boldsymbol{w}^{\mathrm{T}} \boldsymbol{z} + n_{\mathrm{sd}} \tag{2-29}$$

其中，$\boldsymbol{h}_{\mathrm{jd}}$ 为 $N \times 1$ 的矩阵，代表协同干扰节点到合法目标节点链路的信道系数矩阵，P_{s} 为源节点发射功率，P_{j} 为协同干扰节点发射功率，z 为协同干扰节点发出的人工噪声信号矩阵，h_{sd} 代表源节点到合法目标节点链路的信道系数，n_{sd} 为合法目标节点处的噪声，窃听节点收到的信号可表示为

$$\boldsymbol{y}_{\mathrm{je}} = \sqrt{P_{\mathrm{s}}} h_{\mathrm{se}} x + \sqrt{P_{\mathrm{j}}} \boldsymbol{h}_{\mathrm{je}} \boldsymbol{w}^{\mathrm{T}} \boldsymbol{z} + n_{\mathrm{je}} \tag{2-30}$$

其中，$\boldsymbol{h}_{\mathrm{je}}$ 为 $N \times 1$ 的矩阵，代表协同干扰节点到窃听节点链路的信道系数矩阵，h_{se} 为源节点到窃听节点链路的信道系数，n_{je} 代表窃听节点处的信道噪声。

2.5 本章小结

本章主要介绍了基于无线协同中继信道的物理层安全相关的基础知识与有关技术，包括信息论基础、物理层安全基础、协同中继技术、波束成形技术等。其中，波束成形技术对发送信号进行一定的预处理再进行传输，使窃听节点方向的信号被减弱从而降低窃听链路的信道容量，同时使合法目标节点方向的信号增强，从而提高主链路的信道容量。常用的波束成形技术有基于协同中继的波束成形技术与基于协同干扰的波束成形技术。协同中继技术将中继节点作为协同中继来协助源节点进行信息传输，或者将中继节点作为协同干扰发送人工噪声干扰窃听节点，进而提高系统总保密速率。人工噪声技术将发送信号与人工噪声信号进行一定的调制后再进

行传输，其目的在于尽可能地降低窃听链路的信道容量，同时不影响合法目标节点接收到的信号质量。

参考文献

[1] DING Z G, LEUNG K K, GOECKEL D L, et al. On the application of cooperative transmission to secrecy communications[J]. IEEE Journal on Selected Areas in Communications, 2012, 30(2): 359-368.

[2] 王广渊. 无人集群网络物理层通信安全技术研究[D]. 济南: 山东大学, 2021.

[3] 余欢欢. 基于无线携能通信的非信任中继网络物理层安全技术研究[D]. 重庆: 重庆大学, 2021.

[4] KHAN A, REHMAN S, ABBAS M. On the mutual information of relaying protocols[J]. Physical Communication, 2018, 30: 33-42.

[5] 梁小容. 基于保密容量的协同通信中继选择[D]. 南昌: 南昌大学, 2016.

[6] 桂纾, 仇润鹤. 放大转发两跳中继系统的能效和谱效研究[J]. 通信技术, 2019, 52(4): 878-884.

[7] WANG J H, HUANG Y M, JIN S, et al. Resource management for device-to-device communication: a physical layer security perspective[J]. IEEE Journal on Selected Areas in Communications, 2018, 36(4): 946-960.

[8] KEBRIAEI H, MAHAM B, NIYATO D. Double-sided bandwidth-auction game for cognitive device-to-device communication in cellular networks[J]. IEEE Transactions on Vehicular Technology, 2016, 65(9): 7476-7487.

[9] 刘琦. 面向物理层安全的中继协作系统资源分配研究[D]. 南京: 南京邮电大学, 2021.

第 3 章 无线协同中继系统中的鲁棒性物理层安全技术

3.1 引言

近年来，物理层安全技术的研究一直备受关注，它充分利用物理层资源实现信息的安全传输。协同中继技术能够增加通信容量，扩展信息传输范围，同时还可提高系统的频谱效率，是近几年的研究热点。然而，由于无线通信的广播特性，处于无线通信范围内的窃听节点能够侦听到电磁信号。大量研究工作致力于无线协同中继系统的物理层安全技术研究，研究表明，基于协同中继技术的传输能够有效增强系统的物理层安全性能[1]。从信息论安全的角度看，达到保密容量的传输方案是最优的，因此大量的文献对基于无线中继窃听信道的保密速率最大化问题进行研究[2]。保密容量的计算通常需要已知窃听链路的信道状态信息（CSI），而该信息在被动窃听情况下是不可获取的。于是，掩蔽式波束成形方案[3]被提出用来增强系统的物理层安全，该方案只需要合法链路的 CSI。

掩蔽式波束成形技术的关键思想是利用人工噪声（AN）来干扰窃听节点[4]。文献[5]使用掩蔽式波束成形方法，以信干噪比（SINR）作为用户服务质量（QoS）的性能指标，在 MIMO 窃听信道中同时发送有用信号和人工噪声取得保密性能。文献[2,6]针对窃听链路非理想 CSI 情况研究了无线协同中继系统中的安全传输技术。文献[7-8]分别针对已知和未知窃听链路 CSI 的情况，采用人工噪声方法设计了增强无线协同中继系统物理层安全性能的分布式波束成形方案。当获取的合法链路CSI理想时，人工噪声可以设计在合法链路信道的零空间上，这样设计的人工噪声只会恶化潜在窃听节点的接收性能，而对合法目标节点没有影响。然而在实际应用中，由于非理想CSI估计和多普勒扩展等因素，发送节点获取的CSI注定是存在误差的，这会破坏合法链路和人工噪声之间的正交性。根据合法链路非理想CSI设计的人工噪声在恶化窃听链路质量的同时，也会对合法目标节点的接收性能造成干扰。本章针对这一问题进行了研究。

本章在窃听节点和合法目标节点不在源节点的电磁信号覆盖范围内，并且所有节点均配置单根天线的假设条件下构建了单源、多中继、单合法目标节点系统中的窃听信道模型，研究了鲁棒性的掩蔽式波束成形技术。该技术解决了如下问题：已知合法链路的CSI但未知窃听链路的CSI，以SINR作为系统的QoS性能指标，针对所有中继节点到合法目标节点非理想CSI情况，如何通过最大化人工噪声功率以干扰潜在窃听节点，同时还满足给定CSI误差范围内的合法目标节点最低接收SINR约束和每个中继节点的功率约束。在上述问题的求解中，分析了人工噪声发射功率的上界，该上界可以通过求解一个二阶锥规划（Second Order Cone Programming，SOCP）问题获得，为设计有效的求解算法提供了一个基准。由于这个上界是不可达的，因此，利用S-Procedure原理和半定松弛（Semi-definite Relaxation，SDR）技术将优化问题转换为一个半定规划（SDP）问题设计了有效的求解算法。仿真实验验证了该算法的可行性和有效性。

3.2 系统模型

考虑如图3-1所示的无线协同中继窃听信道模型，其由一个源节点S，n个中继节点$\{R_1,\cdots,R_n\}$，一个合法目标节点D和一个窃听节点E组成，所有节点都配置单根天线，使用半双工模式，假设中继数量$n>1$。使用$\boldsymbol{h}_{\mathrm{sr}}=(h_{\mathrm{sr},1},\cdots,h_{\mathrm{sr},n})^{\mathrm{T}}\in\mathcal{C}^{n\times1}$表示从源节点到所有中继节点的信道增益，$\boldsymbol{h}_{\mathrm{rd}}=(h_{\mathrm{rd},1},\cdots,h_{\mathrm{rd},n})^{\mathrm{T}}\in\mathcal{C}^{n\times1}$表示从所有中继节点到合法目标节点的信道增益，$\boldsymbol{h}_{\mathrm{e}}=(h_{\mathrm{e},1},\cdots,h_{\mathrm{e},n})^{\mathrm{T}}\in\mathcal{C}^{n\times1}$表示从所有中继节点到窃听节点的信道增益。假设$\boldsymbol{h}_{\mathrm{sr}}$、$\boldsymbol{h}_{\mathrm{rd}}$和$\boldsymbol{h}_{\mathrm{e}}$中的每个元素为独立同分布的复高斯随机变量，中继节点采用放大转发协议。由于距离太远，源节点到合法目标节点和窃听节点之间没有直接的通信链路，即合法目标节点和窃听节点不在源节点的电磁信号覆

盖范围内[9-10]。进一步假设源节点已知所有合法链路的信道状态信息 $\boldsymbol{h}_{\mathrm{sr}}$ 和 $\boldsymbol{h}_{\mathrm{rd}}$，该信息是源节点利用信道互易性通过发送训练序列估计得到的，但是源节点不知道窃听链路的任何信道状态信息 $\boldsymbol{h}_{\mathrm{e}}$。

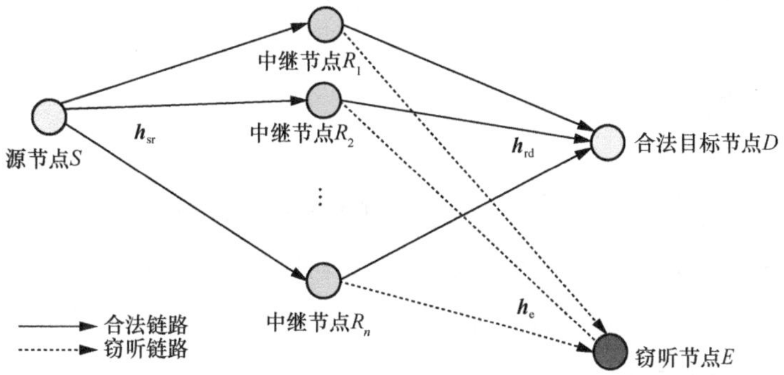

图 3-1　无线协同中继窃听信道模型

3.2.1　中继转发

假设源节点 S 经过中继节点向合法目标节点 D 发送秘密符号 s，且 $\mathbb{E}\left(|s|^2\right)=1$。源节点发送的信号通过两个传输阶段到达合法目标节点。

在第一个传输阶段，源节点向中继节点发送信号，则中继节点接收到的信号 $\boldsymbol{x}_{\mathrm{r}}=(x_{\mathrm{r},1},\cdots,x_{\mathrm{r},n})^{\mathrm{T}}$ 表示为

$$\boldsymbol{x}_{\mathrm{r}}=\sqrt{P}\boldsymbol{h}_{\mathrm{sr}}s+\boldsymbol{n}_{\mathrm{r}} \tag{3-1}$$

其中，P 为符号的发射功率，$\boldsymbol{n}_{\mathrm{r}}\in\mathcal{C}^{n\times1}$ 是具有协方差矩阵为 $\sigma_{\mathrm{r}}^2\boldsymbol{I}_n$ 的零均值高斯白噪声矢量，$\boldsymbol{I}_n$ 为 $n\times n$ 的单位矩阵。

在第二个传输阶段，中继节点利用分布式波束成形技术来协同转发接收到的信号。中继节点对接收到的信号 $\boldsymbol{x}_{\mathrm{r}}$ 在发送之前乘以发送波束成形矩阵 $\boldsymbol{W}_{\mathrm{b}}=\mathrm{diag}\left(w_1^*,\cdots,w_n^*\right)$ 进行传输，那么合法目标节点接收到的信号 y_{d} 表示为

$$y_{\mathrm{d}}=\sqrt{P}\boldsymbol{h}_{\mathrm{rd}}^{\mathrm{T}}\boldsymbol{W}_{\mathrm{b}}\boldsymbol{h}_{\mathrm{sr}}s+\boldsymbol{h}_{\mathrm{rd}}^{\mathrm{T}}\boldsymbol{W}_{\mathrm{b}}\boldsymbol{n}_{\mathrm{r}}+n_{\mathrm{d}} \tag{3-2}$$

其中，$n_{\mathrm{d}}\in\mathcal{C}$ 是方差为 σ_{d}^2 的零均值高斯白噪声。

窃听节点接收到的信号 y_e 表示为

$$y_e = \sqrt{P}\boldsymbol{h}_e^T\boldsymbol{W}_b\boldsymbol{h}_{sr}s + \boldsymbol{h}_e^T\boldsymbol{W}_b\boldsymbol{n}_r + n_e \tag{3-3}$$

其中，$n_e \in \mathcal{C}$ 是方差为 σ_e^2 的零均值高斯白噪声。

3.2.2 人工噪声

在实际应用中，关于信道质量的假设通常不成立，导致系统的保密容量为 0，所以传统研究具有较大的局限性。为此，现有研究集中于利用各种通信场景构造非零的保密容量，并对其进行优化。通过构造合法链路零空间内的随机变量对窃听节点进行干扰，从而提高了保密容量。

因此，在第二个传输阶段，考虑中继节点采用分布式波束成形技术的同时发送人工噪声。中继节点发送的人工噪声记为 $\boldsymbol{n}_{an} \in \mathcal{C}^{n\times 1}$，中继节点对 $\boldsymbol{x}_r$ 乘以发送波束成形矩阵 $\boldsymbol{W}_b$，那么中继节点发送的信号矢量 $\boldsymbol{y}_r = (y_{r,1}, \cdots, y_{r,n})^T$ 表示为

$$\boldsymbol{y}_r = \boldsymbol{W}_b\boldsymbol{x}_r + \boldsymbol{n}_{an} \tag{3-4}$$

于是，中继节点发送有用信号的功率 P_s 表示为

$$P_s = \boldsymbol{w}^H\left(P\boldsymbol{R}_{sr} + \sigma_r^2\boldsymbol{I}_n\right)\boldsymbol{w} \tag{3-5}$$

其中，$\boldsymbol{w} = (w_1, \cdots, w_n)^T$，$\boldsymbol{R}_{sr} = \text{diag}\left(\left|h_{sr,1}\right|^2, \cdots, \left|h_{sr,n}\right|^2\right)$。设第 i 个中继节点的最大发射功率为 P_i，那么，中继节点除了发送有用信号外，可用剩余的功率发送人工噪声以干扰潜在窃听节点，则人工噪声功率是 $\sum_{i=1}^{n} P_i - P_s$。

合法目标节点的接收信号 y_d 重新表示为

$$y_d = \sqrt{P}\boldsymbol{h}_{rd}^T\boldsymbol{W}_b\boldsymbol{h}_{sr}s + \boldsymbol{h}_{rd}^T\boldsymbol{n}_{an} + \boldsymbol{h}_{rd}^T\boldsymbol{W}_b\boldsymbol{n}_r + n_d \tag{3-6}$$

其中，n_d 是方差为 σ_d^2 的零均值高斯白噪声。

窃听节点接收到的信号 y_e 重新表示为

$$y_e = \sqrt{P}\boldsymbol{h}_e^T\boldsymbol{W}_b\boldsymbol{h}_{sr}s + \boldsymbol{h}_e^T\boldsymbol{n}_{an} + \boldsymbol{h}_e^T\boldsymbol{W}_b\boldsymbol{n}_r + n_e \tag{3-7}$$

其中，n_{e} 是方差为 σ_{e}^2 的零均值高斯白噪声。

为了防止合法链路受到人工噪声干扰，则人工噪声 $\boldsymbol{n}_{\mathrm{an}} \in \mathcal{C}^{n\times 1}$ 应该位于合法链路 $\boldsymbol{h}_{\mathrm{rd}}$ 的零空间上，即满足 $\boldsymbol{h}_{\mathrm{rd}}^{\mathrm{T}}\boldsymbol{n}_{\mathrm{an}} = 0$。于是，可以得到

$$\boldsymbol{n}_{\mathrm{an}} = \boldsymbol{\Pi}\boldsymbol{v} \tag{3-8}$$

其中，$\boldsymbol{\Pi}$ 是 $\boldsymbol{h}_{\mathrm{rd}}$ 的零空间中的一组正交基且满足 $\boldsymbol{\Pi}\boldsymbol{\Pi}^{\mathrm{H}} = \boldsymbol{I}_n$，$\boldsymbol{v}$ 为零均值单位方差的独立同分布的高斯随机矢量。

利用式（3-8），合法目标节点的接收 SINR 可以表示为

$$\mathrm{SINR}_{\mathrm{L}} = \frac{P\boldsymbol{w}^{\mathrm{H}}\boldsymbol{r}_{\mathrm{h}}\boldsymbol{r}_{\mathrm{h}}^{\mathrm{H}}\boldsymbol{w}}{\sigma_{\mathrm{r}}^2\boldsymbol{w}^{\mathrm{H}}\boldsymbol{R}_{\mathrm{rd}}\boldsymbol{w} + \sigma_{\mathrm{d}}^2} \tag{3-9}$$

其中，$\boldsymbol{r}_{\mathrm{h}} = (h_{\mathrm{sr},1}h_{\mathrm{rd},1},\cdots,h_{\mathrm{sr},n}h_{\mathrm{rd},n})^{\mathrm{T}}$，$\boldsymbol{R}_{\mathrm{rd}} = \mathrm{diag}\left(\left|h_{\mathrm{rd},1}\right|^2,\cdots,\left|h_{\mathrm{rd},n}\right|^2\right)$。

窃听节点的接收 SINR 可以表示为

$$\mathrm{SINR}_{\mathrm{E}} = \frac{P\boldsymbol{w}^{\mathrm{H}}\boldsymbol{r}_{\mathrm{eh}}\boldsymbol{r}_{\mathrm{eh}}^{\mathrm{H}}\boldsymbol{w}}{\sigma_{\mathrm{r}}^2\boldsymbol{w}^{\mathrm{H}}\boldsymbol{R}_{\mathrm{e}}\boldsymbol{w} + P_{\mathrm{an}}\boldsymbol{h}_{\mathrm{e}}^{\mathrm{H}}\boldsymbol{\Pi}\boldsymbol{\Pi}^{\mathrm{H}}\boldsymbol{h}_{\mathrm{e}} + \sigma_{\mathrm{e}}^2} \tag{3-10}$$

其中，$\boldsymbol{r}_{\mathrm{eh}} = (h_{\mathrm{sr},1}h_{\mathrm{e},1},\cdots,h_{\mathrm{sr},n}h_{\mathrm{e},n})^{\mathrm{T}}$，$\boldsymbol{R}_{\mathrm{e}} = \mathrm{diag}\left(\left|h_{\mathrm{e},1}\right|^2,\cdots,\left|h_{\mathrm{e},n}\right|^2\right)$。

3.3 保密容量分析

信息理论安全思路是首先假设主信道（源节点 Alice 和合法目标节点 Bob 之间的信道）的信道质量优于窃听信道（源节点 Alice 和窃听节点 Eve 之间的信道），然后利用编码技术使合法目标节点正确译码并得到信息，而窃听节点无法正确译码，实现物理层的安全传输。安全传输的最大信息速率被定义为保密容量。保密容量是目前衡量物理层安全性能的重要标准。对于给定的安全通信系统（包括确定的合法目标节点信道和窃听信道），可以根据保密容量评价安全传输性能，根据保密速率评价安全传输机制的设计。

图 3-1 中的无线协同中继窃听信道的最大的保密速率 C_{s} 可以表示为[11]

$$C_s = \frac{1}{2}\{\log(1+\text{SINR}_\text{L}) - \log(1+\text{SINR}_\text{E})\}^+ \tag{3-11}$$

其中，$\{a\}^+ = \max(0,a)$。

这里通过式（3-11）分析人工噪声的作用。从保密容量的定义中可以看出，只有当合法目标节点的接收 SINR 大于窃听节点的接收 SINR 时，即合法链路的信道状态优于窃听链路的信道状态时，可以保证保密容量的值大于零，从而实现信息的保密传输。然而在有些情况下，如源节点与窃听节点的距离小于发送节点与合法目标节点的距离时，窃听链路的信道状态要优于合法链路的信道状态。为了在这种情况下也能实现保密通信，文献[12]提出了人工噪声辅助的方法，正如在式（3-11）中看到的，在合法链路零空间上加入人工噪声后，窃听节点的接收 SINR 减小，恶化了窃听节点的接收性能，但人工噪声的加入对合法目标节点的接收性能没有影响，从而实现保密通信。文献[3, 13]将人工噪声辅助方法用于研究未知窃听链路 CSI 情况下的物理层安全传输问题中，提出了掩蔽式波束成形方法。

本章主要研究未知窃听链路 CSI 时的物理层安全传输技术。一般来说，当窃听节点完全被动时，它的 CSI 是很难被检测到的，不能对式（3-11）进行优化得到保密容量。这种情况下，需要寻找一个次优的解决方案。

由于人工噪声功率 $P_\text{an} = \sum_{i=1}^{n} P_i - P_\text{s}$，那么在未知窃听链路 CSI 情况下，提高保密速率的一种方法就是，在保证合法目标节点能可靠通信的条件下，使中继节点发送有用信号的功率 P_s 尽可能小，以使干扰窃听节点的人工噪声功率 P_an 尽可能大。

本章的研究目标是根据源节点可以获得的合法链路 CSI 情况，设计未知窃听链路 CSI 情况下提高保密速率的有效算法。当获取到的合法链路 CSI 是理想情况时，产生的人工噪声将期望合法目标节点的信道理想正交，即 $\boldsymbol{h}_\text{rd}^\text{T}\boldsymbol{n}_\text{an} = 0$，这时可以根据 3.4 节中给出的方案进行安全传输。然而，当获取的合法链路的 CSI 有误差时，第 3.7 节中的仿真结果表明根据理想 CSI 设计的安全传输方案对 CSI 误差非常敏感，即使非常小的 CSI 误差也会导致安全性能的极大恶化。这就激发本书设计具有鲁棒性的安全传输算法，既能满足合法目标节点的 QoS 目标值又可以对抗 CSI 误差的影响，本章在 3.5 节中给出合法链路的 CSI 误差模型及传输方案，在 3.6 节中给出鲁棒性算法。

3.4　理想 CSI 情况下的安全传输方案

本节给出了在未知窃听链路CSI时，合法链路理想CSI情况下的安全传输方案。在未知窃听链路 CSI 的时候，在一定条件下尽可能地增大人工噪声功率，从而干扰潜在的窃听节点。本章研究的问题可以归纳为在满足合法目标节点接收 SINR 约束 λ 和第 i 个中继节点发射功率约束 P_i 的条件下，最大化人工噪声功率。该问题等价于最小化中继节点发送有用信号的功率，并且满足合法目标节点接收 SINR 的阈值要求。上述优化问题可以表示为

$$\begin{aligned}\min_{\boldsymbol{w}} \quad & \boldsymbol{w}^{\mathrm{H}}\boldsymbol{T}\boldsymbol{w} \\ \text{s.t.} \quad & \mathrm{SINR}_{\mathrm{L}} \geqslant \lambda \\ & [\boldsymbol{w}\boldsymbol{w}^{\mathrm{H}}]_{i,i}[\boldsymbol{T}]_{i,i} \leqslant P_i, \forall i\end{aligned} \tag{3-12}$$

其中，$\boldsymbol{T} = P\boldsymbol{R}_{\mathrm{sr}} + \sigma_{\mathrm{r}}^2\boldsymbol{I}_n$，$\lambda > 0$，$[\cdot]_{i,i}$ 表示矩阵第 i 行第 i 列的元素。

本节的研究目标是当源节点可以获得的合法链路 CSI 理想时，为式（3-12）设计有效的算法。将合法目标节点的接收 SINR 代入式（3-12），可以得到

$$\begin{aligned}\min_{\boldsymbol{w}} \quad & \boldsymbol{w}^{\mathrm{H}}\boldsymbol{T}\boldsymbol{w} \\ \text{s.t.} \quad & \lambda\sigma_{\mathrm{r}}^2\boldsymbol{w}^{\mathrm{H}}\boldsymbol{R}_{\mathrm{rd}}\boldsymbol{w} + \lambda\sigma_{\mathrm{d}}^2 \leqslant P\boldsymbol{w}^{\mathrm{H}}\boldsymbol{r}_{\mathrm{h}}\boldsymbol{r}_{\mathrm{h}}^{\mathrm{H}}\boldsymbol{w} \\ & [\boldsymbol{w}\boldsymbol{w}^{\mathrm{H}}]_{i,i}[\boldsymbol{T}]_{i,i} \leqslant P_i, \forall i\end{aligned} \tag{3-13}$$

其中，$\boldsymbol{T}$ 是一个对角矩阵，并且对角元素都大于 0，定义 $\sqrt{\boldsymbol{T}}$ 的对角线上的元素都是 $\boldsymbol{T}$ 对角元素的均方根，那么式（3-12）可以转换为下面的最优化问题。

$$\begin{aligned}\min_{\boldsymbol{w}} \quad & \left\|\sqrt{\boldsymbol{T}}\boldsymbol{w}\right\|^2 \\ \text{s.t.} \quad & \left\|\begin{pmatrix}\sqrt{\boldsymbol{R}_{\mathrm{rd}}}\boldsymbol{w} \\ \dfrac{\sigma_{\mathrm{d}}}{\sigma_{\mathrm{r}}}\end{pmatrix}\right\|^2 \leqslant \frac{P}{\lambda\sigma_{\mathrm{r}}^2}\left|\boldsymbol{r}_{\mathrm{h}}^{\mathrm{H}}\boldsymbol{w}\right|^2 \\ & \left|\boldsymbol{f}^{(i)}\boldsymbol{w}\right|^2 \leqslant \frac{P_i}{[\boldsymbol{T}]_{i,i}}, \forall i\end{aligned} \tag{3-14}$$

其中，$\boldsymbol{f}^{(i)}$ 表示第 i 个元素为 1，其他元素为 0 的行向量。对中继权重 $\boldsymbol{w}$ 进行相位偏移不会影响最优化问题的结果，因此，可以假设 $\boldsymbol{r}_{\mathrm{h}}^{\mathrm{H}}\boldsymbol{w}$ 是实数大于 0 的值，式（3-14）可以转换为

$$\begin{aligned}
&\min_{\boldsymbol{w}} \quad \left\|\sqrt{\boldsymbol{T}}\boldsymbol{w}\right\| \\
&\text{s.t.} \quad \left\|\begin{pmatrix}\sqrt{\boldsymbol{R}_{\mathrm{rd}}}\boldsymbol{w} \\ \dfrac{\sigma_{\mathrm{d}}}{\sigma_{\mathrm{r}}}\end{pmatrix}\right\| \leqslant \sqrt{\frac{P}{\lambda\sigma_{\mathrm{r}}^{2}}}\boldsymbol{r}_{\mathrm{h}}^{\mathrm{H}}\boldsymbol{w} \\
&\qquad \left|\boldsymbol{f}^{(i)}\boldsymbol{w}\right| \leqslant \sqrt{\frac{P_i}{[\boldsymbol{T}]_{i,i}}}, \forall i
\end{aligned} \tag{3-15}$$

为了方便计算，将式（3-15）转换为一个标准的二阶锥规划（SOCP）问题。首先定义 $\tilde{\boldsymbol{w}}=(\boldsymbol{w}^{\mathrm{T}},t,1)^{\mathrm{T}}$，其中，$t$ 是任一变量，$\tilde{\boldsymbol{r}}_{\mathrm{h}}^{\mathrm{H}}=\left(\boldsymbol{r}_{\mathrm{h}}^{\mathrm{H}}, 0, 0\right)$ 以及 $\tilde{\boldsymbol{f}}^{(i)}=(\boldsymbol{f}^{(i)}, 0, 0)$，那么，式（3-15）可以表示为

$$\begin{aligned}
&\min_{\tilde{\boldsymbol{w}},t} \quad t \\
&\text{s.t.} \quad \left\|\begin{pmatrix}\sqrt{\boldsymbol{T}} & & 0 \\ & \ddots & \\ 0 & & 0\end{pmatrix}\tilde{\boldsymbol{w}}\right\| \leqslant t \\
&\qquad \left\|\begin{pmatrix}\sqrt{\boldsymbol{R}_{\mathrm{rd}}} & & 0 \\ & \ddots & \\ 0 & & \dfrac{\sigma_{\mathrm{d}}}{\sigma_{\mathrm{r}}}\end{pmatrix}\tilde{\boldsymbol{w}}\right\| \leqslant \sqrt{\frac{P}{\lambda\sigma_{\mathrm{r}}^{2}}}\tilde{\boldsymbol{r}}_{\mathrm{h}}^{\mathrm{H}}\tilde{\boldsymbol{w}} \\
&\qquad \left|\tilde{\boldsymbol{f}}^{(i)}\tilde{\boldsymbol{w}}\right| \leqslant \sqrt{\frac{P_i}{[\boldsymbol{T}]_{i,i}}}, \forall i \\
&\qquad [\tilde{\boldsymbol{w}}]_{n+2}=1
\end{aligned} \tag{3-16}$$

其中，$[\cdot]_{n+2}$ 表示向量的第 $n+2$ 个元素。

到此，式（3-13）已转换为 SOCP 的标准形式，即式（3-16），可以使用内点法对式（3-16）进行求解得到最优解。由此，可以得到理想信道状态信息情况下的分布式波束成形的设计方案。

3.5　CSI 误差模型及问题形式

在实际通信中，由于存在多普勒扩展等因素，源节点获得的信道状态信息会存在误差，本节从实际出发，首先给出了所有中继节点到合法目标节点的 CSI 误差模型，然后建立了鲁棒性安全传输的问题形式。

首先分析了 CSI 误差模型。在无线协同中继系统中，源节点可以通过训练序列估计 $\boldsymbol{h}_{\mathrm{sr}}$，当 SINR 非常高时，$\boldsymbol{h}_{\mathrm{sr}}$ 能够接近理想，但是，在实际中源节点对 $\boldsymbol{h}_{\mathrm{rd}}$ 的估计肯定是有误差的，因为它必须通过中继节点估计之后再回馈给源节点[14]。

针对所有中继节点到合法目标节点的非理想CSI 情况，使用如下的CSI 误差模型[15]

$$\boldsymbol{h}_{\mathrm{rd}} = \hat{\boldsymbol{h}}_{\mathrm{rd}} + \boldsymbol{e}_{\mathrm{rd}} \tag{3-17}$$

其中，$\boldsymbol{h}_{\mathrm{rd}}$ 表示真实的信道增益，$\hat{\boldsymbol{h}}_{\mathrm{rd}}=(\hat{h}_{\mathrm{rd},1},\cdots,\hat{h}_{\mathrm{rd},n})^{\mathrm{T}}$ 表示估计的信道增益，$\boldsymbol{e}_{\mathrm{rd}}=(e_{\mathrm{rd},1},\cdots,e_{\mathrm{rd},n})^{\mathrm{T}}$ 表示加性误差矢量。考虑将 CSI 误差限制在一个球形域，表示为

$$S=\left\{\boldsymbol{e}_{\mathrm{rd}} \in C^{n\times 1}:\left\|\boldsymbol{e}_{\mathrm{rd}}\right\|^2 \leqslant n\rho^2, \rho>0\right\} \tag{3-18}$$

在非理想 CSI 情况下，人工噪声位于 CSI 估计 $\hat{\boldsymbol{h}}_{\mathrm{rd}}$ 的零空间上，那么合法目标节点的接收信干噪比 $\mathrm{SINR}_{\mathrm{LI}}$ 可以表示为

$$\mathrm{SINR}_{\mathrm{LI}} = \frac{P\left|\sum_{i=1}^{n}\left(\hat{h}_{\mathrm{rd},i}+e_{\mathrm{rd},i}\right)h_{\mathrm{sr},i}w_i\right|^2}{\sigma_{\mathrm{r}}^2\sum_{i=1}^{n}\left|\hat{h}_{\mathrm{rd},i}+e_{\mathrm{rd},i}\right|^2\left|w_i\right|^2+P_{\mathrm{an}}\left\|\boldsymbol{e}_{\mathrm{rd}}\right\|^2+\sigma_{\mathrm{d}}^2} \tag{3-19}$$

其中，$P_{\mathrm{an}}=P_{\max}-\boldsymbol{w}^{\mathrm{H}}\left(P\boldsymbol{R}_{\mathrm{sr}}+\sigma_{\mathrm{r}}^2\boldsymbol{I}_n\right)\boldsymbol{w}$，$P_{\max}=\sum_{i=1}^{n}P_i$。

在合法链路非理想 CSI 情况下，保密容量可以表示为

$$C_{\mathrm{s}}=\frac{1}{2}\left\{\mathrm{lb}(1+\mathrm{SINR}_{\mathrm{LI}})-\mathrm{lb}(1+\mathrm{SINR}_{\mathrm{E}})\right\}^{+} \tag{3-20}$$

这里通过式（3-20）分析信道状态信息误差对保密容量的影响。由式（3-20）

可以看出，信道状态信息误差使人工噪声泄漏，从而对合法目标节点的接收性能造成影响。换句话说，非理想 CSI 使人工噪声和合法链路不再正交造成的噪声泄漏，使合法目标节点的接收 SINR 减小。如果在出现 CSI 误差的情况下，仍然采用 3.4 节的方法，不仅不能提高物理层安全传输的性能，而且会恶化合法目标节点的接收性能。这就激发了在非理想 CSI 情况下的物理层安全传输技术的研究。接下来，本节集中于研究在假设已知 CSI 误差统计知识的情况下，如何通过调整有用信号的发射功率以及发送人工噪声功率，使合法目标节点的接收 SINR 达到一定阈值的同时尽可能地提高增强物理层安全性能。

当出现信道状态信息误差情况时，提出最小化有用信号的发射功率，同时合法目标节点满足最低的接收 SINR 约束以及每个中继节点的功率也满足一定的约束。然后，将剩余的功率用于发送人工噪声来干扰潜在的窃听节点。数学上，该方案的最优化问题写为

$$\begin{aligned}\min_{\boldsymbol{w}} \quad & \boldsymbol{w}^{\mathrm{H}}\boldsymbol{T}\boldsymbol{w} \\ \text{s.t.} \quad & \min_{\boldsymbol{e}_{\mathrm{rd}}} \mathrm{SINR}_{\mathrm{L}} \geqslant \lambda \\ & [\boldsymbol{w}\boldsymbol{w}^{\mathrm{H}}]_{i,i}[\boldsymbol{T}]_{i,i} \leqslant P_i, \forall i\end{aligned} \tag{3-21}$$

其中，λ 表示合法目标节点能够实现可靠通信情况下的接收 SINR 阈值。式（3-21）的第一个约束条件就保证了在出现信道状态信息误差情况下合法目标节点的正常通信。将式（3-21）的第一个约束条件称为合法目标节点的最低接收 SINR 约束或者最差接收 SINR 约束。

求解式（3-21）是非常困难的，主要原因在于式（3-21）的第一个约束条件。可以将它的第一个约束条件重新表示为

$$\min_{\boldsymbol{e}_{\mathrm{rd}}} \quad f(\boldsymbol{e}_{\mathrm{rd}}) \geqslant 0 \tag{3-22}$$

其中，$f(\boldsymbol{e}_{\mathrm{rd}})$ 表示为

$$\begin{aligned} f(\boldsymbol{e}_{\mathrm{rd}}) \overset{\Delta}{=} & \sqrt{P}\left|\sum_{i=1}^{n}\left(\hat{h}_{\mathrm{rd},i}+e_{\mathrm{rd},i}\right)h_{\mathrm{sr},i}w_i\right| - \\ & \sqrt{\lambda\left(\sigma_{\mathrm{r}}^2\sum_{i=1}^{n}\left|\hat{h}_{\mathrm{rd},i}+e_{\mathrm{rd},i}\right|^2\left|w_i\right|^2+P_{\mathrm{an}}\left\|\boldsymbol{e}_{\mathrm{rd}}\right\|^2+\sigma_{\mathrm{d}}^2\right)}\end{aligned} \tag{3-23}$$

从式（3-23）可以看出，$f(\boldsymbol{e}_{\mathrm{rd}})$ 是不可微的，求解 $f(\boldsymbol{e}_{\mathrm{rd}})$ 最小值是很困难的。本章第 3.6 节将提出相应的方法对式（3-21）进行求解。

3.6　非理想 CSI 情况下的波束成形方案

本节首先分析了式（3-21）的理论下界及上界，由于下界是不可达的，因此，又给出了求解式（3-21）的鲁棒性波束成形算法，从而得到分布式波束成形权重 $\boldsymbol{w}$。

3.6.1　有用信号功率的理论下界

首先分析式（3-21）的理论下界。总体思路是通过适当缩小 CSI 误差的取值范围，从而得到一个更小的目标函数值。这样的 CSI 误差的取值范围可以定义为

$$Z_{\mathcal{R}} = \left\{ \boldsymbol{e}_{\mathrm{rd}} \in \mathcal{R}^{n\times 1} : \left| e_{\mathrm{rd},i} \right| \leqslant \rho, \rho > 0, \forall i \right\} \tag{3-24}$$

从式（3-24）中可以看出，$Z_{\mathcal{R}}$ 是 S 的子集。

由此，可以得到

$$\min_{\overline{\boldsymbol{e}}_{\mathrm{rd}} \in S} \mathrm{SINR}_{\mathrm{LIE}} \geqslant \min_{\overline{\boldsymbol{e}}_{\mathrm{rd}} \in Z_{\mathcal{R}}} \mathrm{SINR}_{\mathrm{LIE}} \tag{3-25}$$

从直观上看，基于 $Z_{\mathcal{R}}$ 的分布式波束成形方案与式（3-21）相比，所求变量中继权重 $\boldsymbol{w}$ 的取值范围扩大了，那么基于 $Z_{\mathcal{R}}$ 的分布式波束成形方案所求得的目标函数值至少不会比式（3-21）求得的目标函数值大，因此，基于 $Z_{\mathcal{R}}$ 的分布式波束成形方案是式（3-21）的下界。

定义 $\overline{h}_{\mathrm{rd},i} = \left| \hat{h}_{\mathrm{rd},i} \right|$ 以及 $\overline{e}_{\mathrm{rd},i} = e_{\mathrm{rd},i} \left(\dfrac{\hat{h}^{*}_{\mathrm{rd},i}}{\left| \hat{h}_{\mathrm{rd},i} \right|} \right)$。那么，以下等式是成立的。

$$\left| \hat{h}_{\mathrm{rd},i} + e_{\mathrm{rd},i} \right| = \left| \overline{h}_{\mathrm{rd},i} + \overline{e}_{\mathrm{rd},i} \right| \tag{3-26}$$

最后，可以得到定理 3-1。

定理 3-1　式（3-27）的最优值是原问题式（3-21）的下界。

$$\begin{aligned} \min_{\boldsymbol{w}\in\mathcal{R}^{n\times 1},\boldsymbol{w}\geqslant 0} \quad & \boldsymbol{w}^{\mathrm{H}}\boldsymbol{T}\boldsymbol{w} \\ \text{s.t.} \quad & \min_{\bar{\boldsymbol{e}}_{\mathrm{rd}}} \mathrm{SINR}_{\mathrm{LIE}} \geqslant \lambda, \forall \bar{\boldsymbol{e}}_{\mathrm{rd}} \in Z_{\mathcal{R}} \\ & \left[\boldsymbol{w}\boldsymbol{w}^{\mathrm{H}}\right]_{i,i}\left[\boldsymbol{T}\right]_{i,i} \leqslant P_i, \forall i \end{aligned} \tag{3-27}$$

其中，$\bar{\boldsymbol{e}}_{\mathrm{rd}}=\left(\bar{e}_{\mathrm{rd},1},\cdots,\bar{e}_{\mathrm{rd},n}\right)^{\mathrm{T}}$，$\mathrm{SINR}_{\mathrm{LIE}}=\dfrac{P\left(\sum_{i=1}^{n}\left(\bar{h}_{\mathrm{rd},i}+\bar{e}_{\mathrm{rd},i}\right)h_{\mathrm{sr},i}w_i\right)^2}{\sigma_{\mathrm{r}}^2\sum_{i=1}^{n}\left(\bar{h}_{\mathrm{rd},i}+\bar{e}_{\mathrm{rd},i}\right)(w_i)^2+P_{\mathrm{an}}\sum_{i=1}^{n}(\bar{e}_{\mathrm{rd},i})^2+\sigma_{\mathrm{d}}^2}$。

证明见第 3.8 节。

在定理 3-1 的证明中，也给出了式（3-27）的求解方法。

3.6.2 有用信号功率的上界

本节分析式（3-21）的上界。首先，利用施瓦兹不等式以及三角不等式，得到

$$\left|\sum_{i=1}^{n}\left(\hat{h}_{\mathrm{rd},i}+e_{\mathrm{rd},i}\right)h_{\mathrm{sr},i}w_i\right| \geqslant \left|\sum_{i=1}^{n}\hat{h}_{\mathrm{rd},i}h_{\mathrm{sr},i}w_i\right|-\sqrt{n\rho^2}\left|\sum_{i=1}^{n}h_{\mathrm{sr},i}w_i\right| \tag{3-28}$$

$$\begin{aligned} & \sigma_{\mathrm{r}}^2\sum_{i=1}^{n}\left|\hat{h}_{\mathrm{rd},i}+e_{\mathrm{rd},i}\right|^2|w_i|^2+P_{\mathrm{an}}\left\|\boldsymbol{e}_{\mathrm{rd}}\right\|^2+\sigma_{\mathrm{d}}^2 \leqslant \\ & \sigma_{\mathrm{r}}^2\sum_{i=1}^{n}\left|\hat{h}_{\mathrm{rd},i}\right|^2|w_i|^2+\left(2\sqrt{n\rho^2}\left\|\hat{\boldsymbol{h}}_{\mathrm{rd}}\right\|+\sigma_{\mathrm{r}}^2 n\rho^2\right)\sum_{i=1}^{n}|w_i|^2+ \\ & P_{\mathrm{an}}n\rho^2+\sigma_{\mathrm{d}}^2 \end{aligned} \tag{3-29}$$

根据式(3-28)和式(3-29)，可以得到合法目标节点的接收 SINR 的下界 $\mathrm{SINR}_{\mathrm{LI}}^{l}$ 表示为

$$\mathrm{SINR}_{\mathrm{LI}}^{l}=\frac{\left|\sum_{i=1}^{n}\hat{h}_{\mathrm{rd},i}h_{\mathrm{sr},i}w_i\right|-\sqrt{n\rho^2}\left|\sum_{i=1}^{n}h_{\mathrm{sr},i}w_i\right|}{\sigma_{\mathrm{r}}^2\sum_{i=1}^{n}\left|\hat{h}_{\mathrm{rd},i}\right|^2|w_i|^2+\left(2\sqrt{n\rho^2}\left\|\hat{\boldsymbol{h}}_{\mathrm{rd}}\right\|+\sigma_{\mathrm{r}}^2 n\rho^2\right)\sum_{i=1}^{n}|w_i|^2+P_{\mathrm{an}}n\rho^2+\sigma_{\mathrm{d}}^2} \tag{3-30}$$

最后，将式（3-21）的第一个约束条件中的最低接收 SINR 替换成式（3-30），那么，可以通过求解以下最优化问题来得到式（3-21）的上界。

$$
\begin{aligned}
\min_{w} \quad & \boldsymbol{w}^{\mathrm{H}} \boldsymbol{T} \boldsymbol{w} \\
\text{s.t.} \quad & \mathrm{SINR}_{\mathrm{LI}}^{1} \geqslant \lambda \\
& \left[\boldsymbol{w}\boldsymbol{w}^{\mathrm{H}}\right]_{i,i} [\boldsymbol{T}]_{i,i} \leqslant P_i, \forall i
\end{aligned} \tag{3-31}
$$

利用第 3.4 节中的转换方法可以将式（3-31）转换为一个 SOCP 问题。SOCP 问题是一个凸优化问题，能够利用内点法直接进行最优求解。

3.6.3　鲁棒性波束成形算法

一般来说，第 3.6.1 节中分析的式（3-21）的下界是不可达的，因此就需要设计相应的算法使利用该算法求得的解越逼近第 3.6.1 节得到的下界越好。而通过第 3.7 节的数值仿真可以看出，第 3.6.2 节中分析的上界的效果并不好，因此，本节提出更优的鲁棒性波束成形算法来逼近下界，并得到分布式波束成形权重 $\boldsymbol{w}$ 。

首先，利用已知的 CSI 误差统计知识 $\|\boldsymbol{e}_{\mathrm{rd}}\|^2 \leqslant n\rho^2$ ，得到

$$
\mathrm{SINR}_{\mathrm{LI}} \geqslant \mathrm{SINR}_1 \tag{3-32}
$$

其中， $\mathrm{SINR}_1 = \dfrac{P\left|\sum_{i=1}^{n}\left(\hat{h}_{\mathrm{rd},i} + e_{\mathrm{rd},i}\right) h_{\mathrm{sr},i} w_i\right|^2}{\sigma_{\mathrm{r}}^2 \sum_{i=1}^{n}\left|\hat{h}_{\mathrm{rd},i} + \overline{e}_{\mathrm{rd},i}\right|^2 |w_i|^2 + P_{\mathrm{an}} n\rho^2 + \sigma_{\mathrm{d}}^2}$ 。

利用式（3-32），式（3-21）可以转换为

$$
\begin{aligned}
\min_{w} \quad & \boldsymbol{w}^{\mathrm{H}} \boldsymbol{T} \boldsymbol{w} \\
\text{s.t.} \quad & \min_{\boldsymbol{e}_{\mathrm{rd}}} \mathrm{SINR}_1 \geqslant \lambda \\
& \left[\boldsymbol{w}\boldsymbol{w}^{\mathrm{H}}\right]_{i,i} [\boldsymbol{T}]_{i,i} \leqslant P_i, \forall i
\end{aligned} \tag{3-33}
$$

将式（3-33）中的第一个约束条件重新表示为

$$
(\hat{\boldsymbol{h}}_{\mathrm{rd}} + \boldsymbol{e}_{\mathrm{rd}})^{\mathrm{H}} \boldsymbol{Q} (\hat{\boldsymbol{h}}_{\mathrm{rd}} + \boldsymbol{e}_{\mathrm{rd}}) \geqslant u, \forall \|\boldsymbol{e}_{\mathrm{rd}}\| \leqslant n\sqrt{\rho} \tag{3-34}
$$

其中， $\boldsymbol{Q} = P\boldsymbol{R}_{\mathrm{sr}} \boldsymbol{w}\boldsymbol{w}^{\mathrm{H}} - \lambda\sigma_{\mathrm{r}}^2 \boldsymbol{w}\boldsymbol{w}^{\mathrm{H}}$ ， $u = n\lambda\rho^2\left(P_{\max} - \boldsymbol{w}^{\mathrm{H}}\boldsymbol{T}\boldsymbol{w}\right) + \lambda\sigma_{\mathrm{d}}^2$ 。

利用 3.9 节中介绍的 S-Procedure 原理[16]，式（3-34）可以重新表示为

$$\tilde{\boldsymbol{T}}(\boldsymbol{Q},\beta,u)\stackrel{\Delta}{=}\begin{pmatrix}\beta\boldsymbol{I}_n+\boldsymbol{Q} & \boldsymbol{Q}\hat{\boldsymbol{h}}_{\mathrm{rd}}\\ \hat{\boldsymbol{h}}_{\mathrm{rd}}^{\mathrm{H}}\boldsymbol{Q} & \hat{\boldsymbol{h}}_{\mathrm{rd}}^{\mathrm{H}}\boldsymbol{Q}\hat{\boldsymbol{h}}_{\mathrm{rd}}-u-\beta\rho^2\end{pmatrix}\succeq 0,\beta\geqslant 0 \tag{3-35}$$

为了求解式（3-33），引入半定松弛技术。定义 $\boldsymbol{W}=\boldsymbol{w}\boldsymbol{w}^{\mathrm{H}}$，利用迹的性质 $\mathrm{tr}(\boldsymbol{AB})=\mathrm{tr}(\boldsymbol{BA})$，并用式（3-35）替换式（3-33）中的第一个约束条件，那么，可以将式（3-33）转换为

$$\begin{aligned}\min_{\boldsymbol{W}\succeq 0,\beta\geqslant 0}\quad & \mathrm{tr}(\boldsymbol{TW})\\ \mathrm{s.t.}\quad & \tilde{\boldsymbol{T}}(\boldsymbol{Q},\beta,u)\succeq 0\\ & [\boldsymbol{W}]_{i,i}[\boldsymbol{T}]_{i,i}\leqslant P_i,\forall i\\ & \mathrm{rank}(\boldsymbol{W})=1\end{aligned} \tag{3-36}$$

因为 $\boldsymbol{W}=\boldsymbol{w}\boldsymbol{w}^{\mathrm{H}}$，所以式（3-36）中 $\boldsymbol{W}\succeq 0$，$\mathrm{rank}(\boldsymbol{W})=1$。在利用半定松弛原理时，通常先忽略式（3-36）中的第三个非凸约束条件 $\mathrm{rank}(\boldsymbol{W})=1$，那么，式（3-36）可以进一步松弛为

$$\begin{aligned}\min_{\boldsymbol{W}\succeq 0,\beta\geqslant 0}\quad & \mathrm{tr}(\boldsymbol{TW})\\ \mathrm{s.t.}\quad & \tilde{\boldsymbol{T}}(\boldsymbol{Q},\beta,u)\succeq 0\\ & [\boldsymbol{W}]_{i,i}[\boldsymbol{T}]_{i,i}\leqslant P_i,\forall i\end{aligned} \tag{3-37}$$

利用式（3-37）来逼近式（3-33）。式（3-37）是一个半定规划问题，由于半定规划问题是凸优化问题，所以可以使用内点法对式（3-37）进行求解，并能得到最优值。

下面分析求解式（3-37）的复杂度。在式（3-37）中，有 $n+1$ 个约束条件，$\boldsymbol{W}$ 是 $n\times n$ 维的变量，根据文献[16]可以估计出求解式（3-37）的复杂度至多为

$$O\left((n+1)^4 n^{\frac{1}{2}}\mathrm{lb}\frac{1}{\varepsilon}\right) \tag{3-38}$$

其中，ε 是求解精度。

在一般情况下，利用半定松弛技术得到的解 $\boldsymbol{W}$ 不能保证它的秩是 1，所以利用半定松弛技术之后得到的最优解 $\boldsymbol{W}$ 只是式（3-33）的一个次优解，需要对这个最优解进行进一步的处理。算法 3-1 所示的高斯随机化方法[17]可将求解式（3-37）得到的最优解 $\boldsymbol{W}$ 转换为式（3-33）的逼近解。另外，如果得到的 $\boldsymbol{W}$ 的秩是 1，那么可以直接使用矩阵分解得到 $\boldsymbol{w}^{\mathrm{opt}}$，这个解是全局最优的。

算法 3-1 高斯随机化方法

1) 使用特征值分解方法，将 $\boldsymbol{W}$ 分解为 $\boldsymbol{W}=\tilde{\boldsymbol{U}}\boldsymbol{\Sigma}\tilde{\boldsymbol{U}}^{\mathrm{H}}$。

2) 随机产生矢量 $\tilde{\boldsymbol{v}}\in\mathcal{C}^{n\times 1}$，其中，$[\tilde{\boldsymbol{v}}]_i=\mathrm{e}^{\mathrm{j}\theta_i},i=1,\cdots,n$ 和 θ_i 在 $[0,2\pi)$ 上服从独立的均匀分布。

3) $\boldsymbol{w}=\tilde{\boldsymbol{U}}\boldsymbol{\Sigma}^{\frac{1}{2}}\tilde{\boldsymbol{v}}$ 并确保 $\boldsymbol{w}^{\mathrm{H}}\boldsymbol{w}=\mathrm{tr}(\boldsymbol{W})$。

在求得中继权重之后，各个中继节点发送有用信号的功率 $P_{\mathrm{s},i}$ 可以表示为 $P_{\mathrm{s},i}=[\boldsymbol{w}\boldsymbol{w}^{\mathrm{H}}]_{i,i}[\boldsymbol{T}]_{i,i}$，另外，还能得到人工噪声功率 P_{an} 的表达式为 $P_{\mathrm{an}}=\mathbb{E}\left(\boldsymbol{n}_{\mathrm{an}}^{\mathrm{H}}\boldsymbol{n}_{\mathrm{an}}\right)=\sum_{j=1}^{n-1}\sigma_{a,j}^2$。

可以通过求解以下最优化问题得到 $\sigma_{a,j}^2$

$$\begin{aligned}\max\quad & \sum_{j=1}^{n-1}\sigma_{a,j}^2\\ \text{s.t.}\quad & \mathbb{E}\left|[n_{\mathrm{an}}]_{i,1}\right|^2\leqslant P_i-P_{\mathrm{s},i},\forall i\end{aligned}\tag{3-39}$$

其中，$\mathbb{E}\left|[n_{\mathrm{an}}]_{i,1}\right|^2=\sum_{j=1}^{n-1}\left|\pi_{i,j}\right|^2\sigma_{a,j}^2$。

定义 $\theta_j=\sigma_{a,j}^2$，$j=1,\cdots,n-1$，那么，式（3-39）可以重新写为

$$\begin{aligned}\max\quad & \sum_{j=1}^{n-1}\theta_j\\ \text{s.t.}\quad & \sum_{j=1}^{n-1}\left|\pi_{i,j}\right|^2\theta_j\leqslant P_i-P_{\mathrm{s},i},\forall i\end{aligned}\tag{3-40}$$

明显地，式（3-40）的目标函数为线性函数，并且它的约束条件都是线性不等式，因此，式（3-40）是一个线性规划问题，可以利用凸优化方法求得最优解[18]。

3.7 数值仿真结果

本节进行仿真实验，对本章提出的增强物理层安全性能的分布式波束成形方案进行性能分析。在平坦的瑞利衰落信道中计算了所提方案的性能。在所有仿真实验中，假设信道系数均由独立的零均值单位方差的复高斯随机变量组成。假设合法目标节点和窃听节点的噪声功率为 $\sigma_{\mathrm{d}}^2=\sigma_{\mathrm{e}}^2=1$；每个中继节点的发射功率约束 P_i，$i=1,\cdots,n$ 是

相等的；窃听信道中的每个节点配置单根天线。本节着重于研究不同安全传输方案的性能比较，因此，为了方便比较不同方案的性能，假设窃听链路的 CSI 是理想的，这不影响方案的设计，因为本章集中于研究未知窃听链路 CSI 情况下的安全传输方案。所有仿真结果通过对 1 000 次独立信道衰落取平均值而得。仿真主要涉及 5 种方案：1）第 3.6.3 节中提出的合法链路非理想 CSI 情况下的鲁棒性设计方案；2）第 3.6.1 节提出的合法链路非理想 CSI 情况下的中继节点发送有用信号功率的理论下界；3）第 3.6.2 节提出的合法链路非理想 CSI 情况下的中继节点发送有用信号功率的上界；4）忽略合法链路 CSI 误差，直接将估计得到的 CSI 当作理想 CSI 用于第 3.4 节的方案中；5）第 3.4 节提出的合法链路理想 CSI 情况下的安全传输方案[8]。

当 CSI 误差界 $\rho^2=0.01$，中继数量 $n=3$ 时，合法目标节点不同最低接收 SINR 约束下的中继节点发送有用信号的功率如图 3-2 所示。其中，本章方案、理论下界和上界分别表示方案 1、方案 2 和方案 3。仿真结果表明，利用方案 1 的鲁棒性波束成形算法得到的有用信号发射功率非常接近理论下界，在不同 SINR 约束处的功率值与理论下界差值小于 1 dB。由于理论下界是不可达的，所以方案 1 与理论下界有一定的距离是正常的。方案 2 的鲁棒性算法的性能明显优于方案 3 中得到的上界。随着 SINR 约束的增大，中继发送有用信号所消耗的功率也在增加，中继节点分配更多的功率保证合法目标节点的正常通信。由此可知，在中继节点最大发射功率一定的情况下，SINR 约束的增大会导致用于干扰窃听节点的人工噪声功率减小。

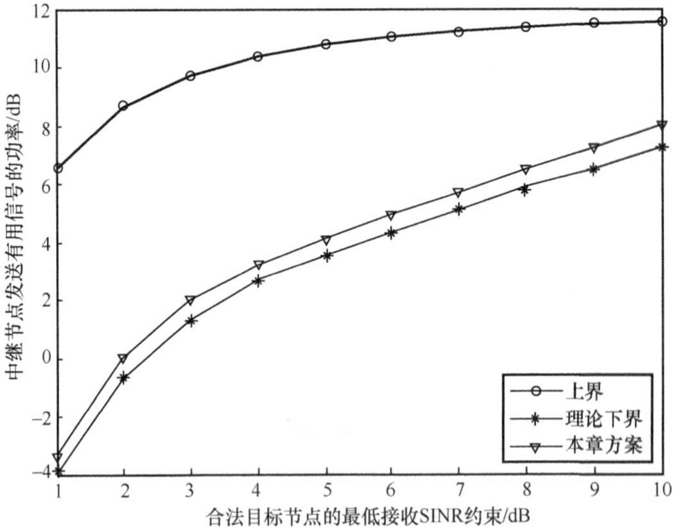

图 3-2　合法目标节点不同最低接收 SINR 约束下，中继节点发送有用信号的功率

当 CSI 误差界 $\rho^2 = 0.01$ 时，不同中继数量下中继发送有用信号的功率如图 3-3 所示。其中，本章方案、理论下界和上界分别表示方案 1、方案 2 和方案 3。仿真结果显示，方案 2 中的鲁棒性算法在不同中继数量得到的结果更接近理论下界。中继节点发送有用信号的功率随着中继数量的增加而递减，这是可以理解的，因为中继数量越多，能够提供的功率增益就越多。由此可知，在中继总功率一定的情况下，中继数量的增加会导致用于干扰窃听节点的人工噪声功率增大，这有利于增强系统的物理层安全性能。虽然中继数量的增加可以减少有用信号功率的消耗，同时增大干扰窃听节点的人工噪声功率，但是求解安全传输方案问题的复杂度也会因此提高。因此，必须通过综合考虑算法复杂度及系统功率消耗以得到中继数量的最佳值。

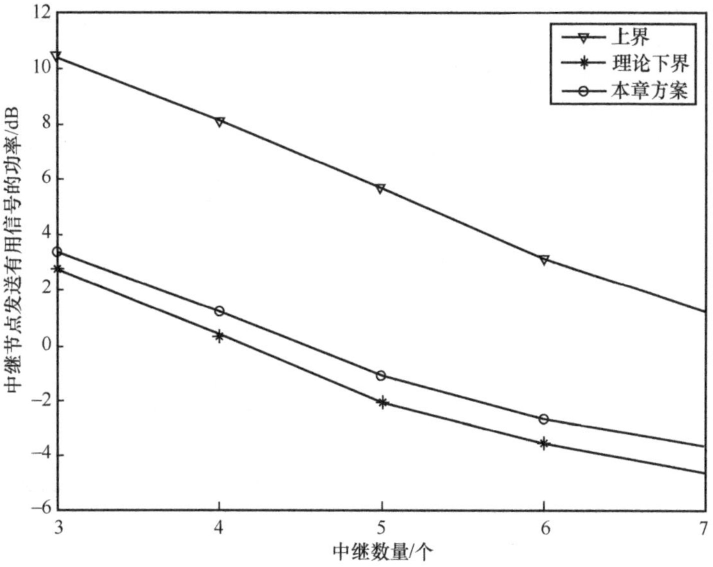

图 3-3　不同中继数量下，中继节点发送有用信号的功率

当 CSI 误差界 $\rho^2 = 0.01$，中继数量 $n = 3$ 时，合法目标节点不同最低接收 SINR 约束下，合法目标节点及窃听节点的 SINR 如图 3-4 所示。在图 3-4 中，本章方案是方案 1，对比方案是方案 4，理想方案是方案 5。对比方案即非理想 CSI 情况时仍然使用理想方案设计中继权值。仿真结果表明，在合法链路理想 CSI 情况下，方案 5 可以使合法目标节点满足正常通信要求。在合法链路非理想 CSI 情况下，根据方案 4 的结果可以看出，即使 CSI 误差非常小，合法目标节点的最低接收 SINR 也会有很大的恶化。与之相反，根据本章方案的结果可以看出，合法目标节点能够满

足 SINR 的约束要求，同时，窃听节点的 SINR 有很大的恶化。还可以看出，窃听节点在本章方案中得到的 SINR 小于在理想方案中得到的 SINR，这是因为合法链路非理想 CSI 造成的噪声泄漏要求中继节点分配额外的发射功率给有用信号，从而减少了用于干扰潜在窃听节点的人工噪声发射功率。此外，窃听节点的接收 SINR 随着合法目标节点的最低接收 SINR 约束的增加而增加。利用图 3-2 的仿真结果很容易对这个变化趋势进行解释，在中继节点最大发射功率一定的情况下，合法目标节点最低接收 SINR 约束的增加会导致用于干扰窃听节点的人工噪声功率减小，从而导致窃听节点的最低接收 SINR 增大。在这一点上，图 3-2 的仿真结果与图 3-4 的结果得到了相互印证。

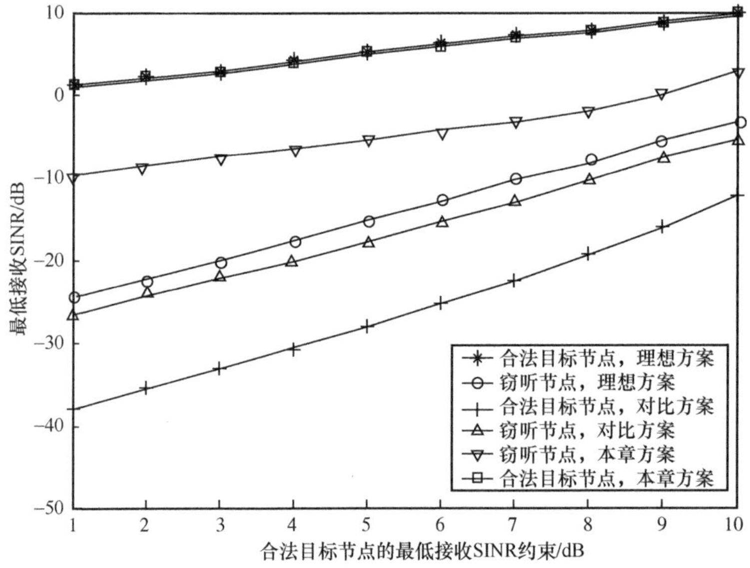

图 3-4　合法目标节点不同最低接收 SINR 约束下，合法目标节点和窃听节点的 SINR

当合法链路的 CSI 误差界 $\rho^2 = 0.01$，中继数量 $n = 3$ 时，合法目标节点不同的最低接收 SINR 约束下保密速率如图 3-5 所示。在图 3-5 中，本章方案是方案 1，对比方案是方案 4，理想方案是方案 5。仿真结果表明，当获取的合法链路 CSI 理想时，利用方案 5 得到的保密速率值最大，这是很好理解的，因为在理想 CSI 情况下，中继节点发送的人工噪声能理想地正交于合法链路的信道，同时最大化地干扰潜在窃听节点的接收性能。当获取的合法链路 CSI 非理想时，忽略 CSI 误差统计知识的方案 4，即对比方案得到的保密速率为零，这是由于窃听节点的 SINR 大于合法目标节点的 SINR，这一点也可以通过图 3-4 的研究结果中看出。因此，合法链路 CSI 误差的出现严重恶化了系统的保密性能。与之相反，利用本章方案得到的保密速率是非零的，这是因为本章方案充分利用了合法链路 CSI 的误差统计知识，在一定程度上降低了 CSI 误差给合法目标节点造成的 SINR 性能损失，增强了系统的物理层安全性能。

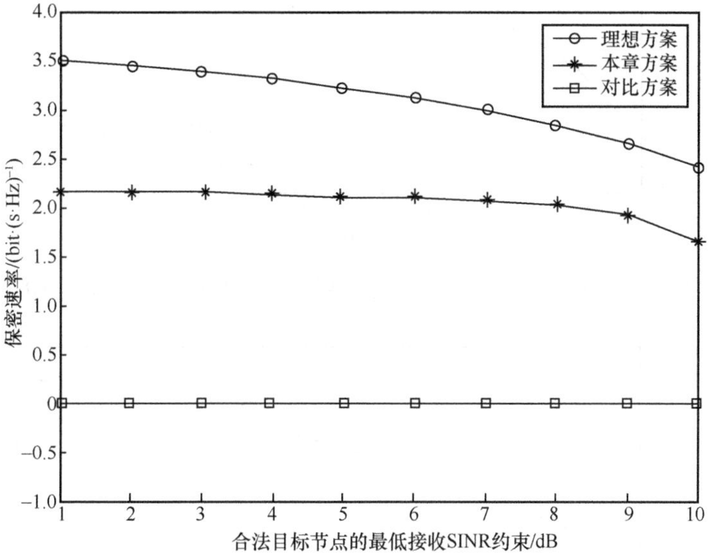

图 3-5　不同 SINR 约束下的保密速率值

当中继数量 $n=3$ 时，不同 CSI 误差界下的合法目标节点和窃听节点最低接收 SINR 如图 3-6 所示。其中，本章方案是方案 1。仿真结果表明，合法目标节点在不同的 CSI 误差界下可以取得期望的 SINR 性能，同时窃听节点的接收 SINR 低于合法目标节点的接收 SINR，并且随着 CSI 误差界的增加而增加。另外，合法目标节点的 SINR 与窃听节点的 SINR 之差随着 CSI 误差界的增加而减小。

当中继数量 $n=3$ 时，不同 CSI 误差界下的中继节点发送有用信号的功率如图 3-7 所示。仿真实验表明，本章方案的鲁棒性算法得到的结果更接近理论下界，有用信号功率随着 CSI 误差界的增大而增大。由此，可以得出在中继总功率一定的情况下，CSI 误差界的增大会导致人工噪声功率减小，从而提高窃听节点的 SINR 性能，这与图 3-6 中的窃听节点的 SINR 的变化趋势是一致的。

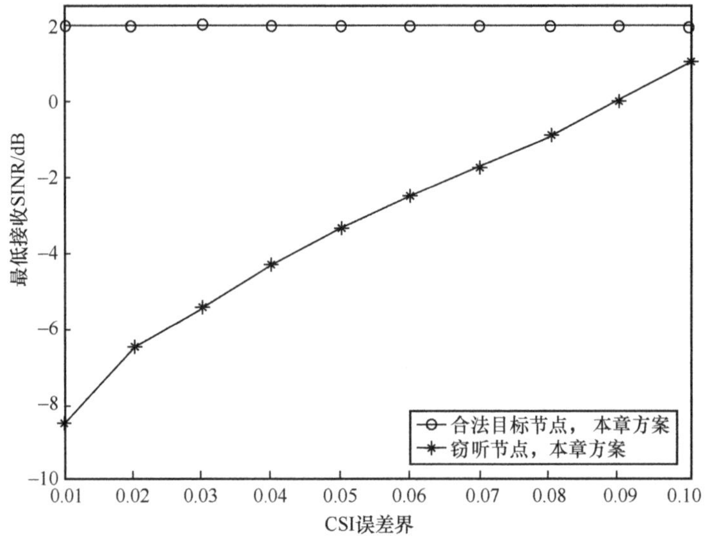

图 3-6 不同 CSI 误差界下的合法目标节点和窃听节点最低接收 SINR

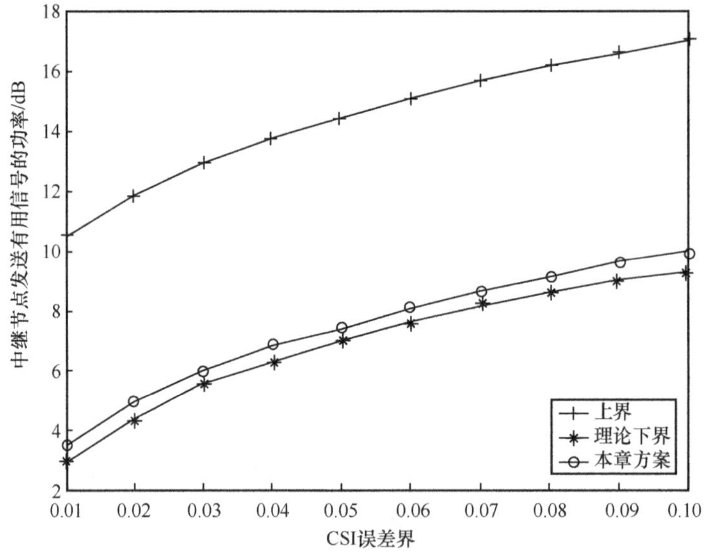

图 3-7 不同 CSI 误差界下的中继节点发送有用信号的功率

3.8 定理 3-1 的证明

首先，证明在式（3-27）中的问题能够求得最优解。在式（3-27）中的第一个

约束条件可以表示为

$$\min_{\bar{e}_{\mathrm{rd}} \in Z_{\mathcal{R}}} \bar{f}(\bar{\boldsymbol{e}}_{\mathrm{rd}}) \leqslant 0 \tag{3-41}$$

其中，$f(\bar{\boldsymbol{e}}_{\mathrm{rd}}) \triangleq -\sqrt{P}\sum_{i=1}^{n}(\bar{h}_{\mathrm{rd},i}+\bar{e}_{\mathrm{rd},i})h_{\mathrm{sr},i}w_i+\sqrt{\lambda\left(\sigma_{\mathrm{r}}^2\sum_{i=1}^{n}(\bar{h}_{\mathrm{rd},i}+\bar{e}_{\mathrm{rd},i})^2|w_i|^2+P_{\mathrm{an}}\sum_{i=1}^{n}(\bar{e}_{\mathrm{rd},i})^2|w_i|^2+\sigma_{\mathrm{d}}^2\right)}$。

$f(\bar{\boldsymbol{e}}_{\mathrm{rd}})$ 关于 $\bar{\boldsymbol{e}}_{\mathrm{rd}}$ 是凸的，它的最大值是在定点处取得的。当 $\bar{\boldsymbol{e}}_{\mathrm{rd}}$ 被固定时，式（3-27）是一个 SOCP 问题，可以求得最优解。因此，能够在每个定点处求解一个 SOCP 问题。领域 $Z_{\mathcal{R}}$ 有 $2n$ 个顶点。因此，式（3-27）的解可以通过计算 $2n$ 个 SOCP 问题得到，计算的复杂度至少是 $O(2^n)$。

下面证明式（3-27）的解是式（3-21）的下界。

$Z_{\mathcal{R}}=\left\{\boldsymbol{e}_{\mathrm{rd}} \in \mathcal{R}^{n\times 1}:\left|e_{\mathrm{rd},i}\right| \leqslant \rho, \rho>0, \forall i\right\}$ 是 S 的子集，那么，在 $Z_{\mathcal{R}}$ 中得到的 SINR 要优于在 S 中得到的 SINR。因此，能够通过求解式（3-27）得到式（3-21）的下界。

3.9　S-Procedure 原理

本节给出了实数域和复数域中的 S-Procedure 原理。

命题 3-1　定义对称矩阵 $\boldsymbol{A}_1,\boldsymbol{A}_2 \in \mathcal{R}^{n\times n}$，矢量 $\boldsymbol{b}_1,\boldsymbol{b}_2 \in \mathcal{R}^{n\times 1}$ 以及 $c_1,c_2 \in \mathcal{R}$。对于 $\boldsymbol{x} \in \mathcal{R}^{n\times 1}$，定义函数

$$f_1(\boldsymbol{x})=\boldsymbol{x}^{\mathrm{T}}\boldsymbol{A}_1\boldsymbol{x}+2\boldsymbol{b}_1^{\mathrm{T}}\boldsymbol{x}+c_1$$

$$f_2(\boldsymbol{x})=\boldsymbol{x}^{\mathrm{T}}\boldsymbol{A}_2\boldsymbol{x}+2\boldsymbol{b}_2^{\mathrm{T}}\boldsymbol{x}+c_2$$

如果存在一个矢量 $\boldsymbol{x} \in \mathcal{R}^{n\times 1}$ 使 $f_2(\boldsymbol{x})>0$，那么以下两个表示是等价的。

（1）对于任意的 $\boldsymbol{x} \in \mathcal{R}^{n\times 1}$，$f_1(\boldsymbol{x})>0$，都有 $f_2(\boldsymbol{x})>0$；

（2）存在 $\lambda \geqslant 0$ 以至于

$$\begin{pmatrix} \boldsymbol{A}_1 & \boldsymbol{b}_1 \\ \boldsymbol{b}_1^{\mathrm{T}} & c_1 \end{pmatrix} \succ \lambda \begin{pmatrix} \boldsymbol{A}_2 & \boldsymbol{b}_2 \\ \boldsymbol{b}_2^{\mathrm{T}} & c_2 \end{pmatrix} \tag{3-42}$$

命题 3-2　定义 Hermitian 矩阵 $\boldsymbol{A}_0,\boldsymbol{A}_1,\boldsymbol{A}_2 \in \mathcal{C}^{n\times n}$，矢量 $\boldsymbol{b}_0,\boldsymbol{b}_1,\boldsymbol{b}_2 \in \mathcal{C}^{n\times 1}$ 以及 $c_0,c_1,c_2 \in \mathcal{C}$。对于 $\boldsymbol{x} \in \mathcal{C}^{n\times 1}$，定义函数

$$f_0(\boldsymbol{x})=\boldsymbol{x}^{\mathrm{H}}\boldsymbol{A}_0\boldsymbol{x}+2\boldsymbol{b}_0^{\mathrm{H}}\boldsymbol{x}+c_0$$

$$f_1(\boldsymbol{x}) = \boldsymbol{x}^{\mathrm{H}} \boldsymbol{A}_1 \boldsymbol{x} + 2\boldsymbol{b}_1^{\mathrm{H}} \boldsymbol{x} + c_1$$

$$f_2(\boldsymbol{x}) = \boldsymbol{x}^{\mathrm{H}} \boldsymbol{A}_2 \boldsymbol{x} + 2\boldsymbol{b}_2^{\mathrm{H}} \boldsymbol{x} + c_2$$

若存在 $\boldsymbol{x} \in \mathcal{C}^{n\times 1}$ 使 $f_1(\boldsymbol{x}), f_2(\boldsymbol{x}) > 0$，那么以下两个命题等价。

（1）对于任意的 $\boldsymbol{x} \in \mathcal{C}^{n\times 1}$，有 $\boldsymbol{x} \in \mathcal{C}^{n\times 1}$ 和 $f_0(\boldsymbol{x}) > 0$，使 $f_1(\boldsymbol{x}) > 0$ 和 $f_2(\boldsymbol{x}) > 0$；

（2）存在 $\lambda_1, \lambda_2 \geqslant 0$ 使

$$\begin{pmatrix} \boldsymbol{A}_0 & \boldsymbol{b}_0 \\ \boldsymbol{b}_0^{\mathrm{H}} & c_0 \end{pmatrix} \succ \lambda_1 \begin{pmatrix} \boldsymbol{A}_1 & \boldsymbol{b}_1 \\ \boldsymbol{b}_1^{\mathrm{H}} & c_1 \end{pmatrix} + \lambda_2 \begin{pmatrix} \boldsymbol{A}_2 & \boldsymbol{b}_2 \\ \boldsymbol{b}_2^{\mathrm{H}} & c_2 \end{pmatrix} \tag{3-43}$$

3.10 本章小结

本章构建了合法目标节点和窃听节点都不在源节点电磁信号覆盖范围内的单源、多中继、单合法目标节点系统中的窃听信道模型。给出了合法链路理想 CSI 情况下的掩蔽式波束成形技术，并分析了 CSI 误差对它的影响，然后构建了所有中继节点到合法目标节点 CSI 误差模型，提出了鲁棒性掩蔽式波束成形方案。分析了本章方案的上界和下界，利用 S-Procedure 原理和 SDR 技术将优化方案转换为一个半定规化问题，并通过内点法进行求解。仿真分析了不同中继数量、不同接收性能要求和不同 CSI 误差界等参数下的系统性能，结果表明，非理想 CSI 会造成人工噪声泄漏，而本章方案能够降低系统对 CSI 误差的敏感性，在满足合法目标节点接收性能要求的同时，通过增加人工噪声功率最大限度地恶化了潜在窃听节点的接收性能。

参考文献

[1] DING Z G, LEUNG K K, GOECKEL D L, et al. On the application of cooperative transmission to secrecy communications[J]. IEEE Journal on Selected Areas in Communications, 2012, 30(2): 359-368.

[2] WANG C, WANG H M, XIA X G. Hybrid opportunistic relaying and jamming with power allocation for secure cooperative networks[J]. IEEE Transactions on Wireless Communications, 2015, 14(2): 589-605.

[3] KHISTI A. Algorithms and architectures for multiuser, multiterminal, multi-layer infor-

mation theoretic security[D]. Cambridge: MIT Press, 2008.

[4] LIANG Y L, WANG Y S, CHANG T H, et al. On the impact of quantized channel feedback in guaranteeing secrecy with artificial noise[C]//Proceedings of 2009 IEEE International Symposium on Information Theory. Piscataway: IEEE Press, 2009: 2351-2355.

[5] MUKHERJEE A, SWINDLEHURST A L. Robust beamforming for security in MIMO wiretap channels with imperfect CSI[J]. IEEE Transactions on Signal Processing, 2011, 59(1): 351-361.

[6] WANG C, WANG H M. Robust joint beamforming and jamming for secure AF networks: low-complexity design[J]. IEEE Transactions on Vehicular Technology, 2015, 64(5): 2192-2198.

[7] LIN M L, GE J H, YANG Y, et al. Joint cooperative beamforming and artificial noise design for secrecy sum rate maximization in two-way AF relay networks[J]. IEEE Communications Letters, 2014, 18(2): 380-383.

[8] WANG H M, YIN Q Y, XIA X G. Distributed beamforming for physical-layer security of two-way relay networks[J]. IEEE Transactions on Signal Processing, 2012, 60(7): 3532-3545.

[9] KRIKIDIS I, THOMPSON J S, MCLAUGHLIN S. Relay selection for secure cooperative networks with jamming[J]. IEEE Transactions on Wireless Communications, 2009, 8(10): 5003-5011.

[10] ZOU Y L, WANG X B, SHEN W M. Optimal relay selection for physical-layer security in cooperative wireless networks[J]. IEEE Journal on Selected Areas in Communications, 2013, 31(10): 2099-2111.

[11] LEUNG-YAN-CHEONG S, HELLMAN M. The Gaussian wire-tap channel[J]. IEEE Transactions on Information Theory, 1978, 24(4): 451-456.

[12] GOEL S, NEGI R. Guaranteeing secrecy using artificial noise[J]. IEEE Transactions on Wireless Communications, 2008, 7(6): 2180-2189.

[13] LIN P H, LAI S H, LIN S C, et al. On secrecy rate of the generalized artificial-noise assisted secure beamforming for wiretap channels[J]. IEEE Journal on Selected Areas in Communications, 2013, 31(9): 1728-1740.

[14] QUEK T Q S, SHIN H, WIN M Z. Robust wireless relay networks: slow power allocation

with guaranteed QoS[J]. IEEE Journal of Selected Topics in Signal Processing, 2007, 1(4): 700-713.

[15] PASCUAL-ISERTE A, PALOMAR D P, PEREZ-NEIRA A I, et al. A robust maximin approach for MIMO communications with imperfect channel state information based on convex optimization[J]. IEEE Transactions on Signal Processing, 2006, 54(1): 346-360.

[16] BOYD S, VANDENBERGHE L. Convex optimization[M]. Cambridge: Cambridge University Press, 2004.

[17] LUO Z Q, MA W K, SO A, et al. Semidefinite relaxation of quadratic optimization problems[J]. IEEE Signal Processing Magazine, 2010, 27(3): 20-34.

[18] LUENBERGER D G, YE Y Y. Linear and nonlinear programming[M]. Berlin: Springer, 2008.

第 4 章 协同干扰下无线协同中继系统中的物理层安全技术

4.1 引言

近年来，无线通信终端的小型化、低功耗需求越来越高，无线通信系统正朝着多节点、分布式的方向发展。充分利用节点之间的协作不仅能够提高无线资源的利用效率，而且可以增强信息的传输安全。

中继节点按照协作方式的不同可以分为协同转发和协同干扰两种方式。协同转发是指中继节点将接收到的信号直接转发给合法目标节点。协同干扰并不接收源节点发送的信号，只提供干扰信号来降低窃听节点的接收性能，也就是通过引入友好的协同干扰节点来提高系统的保密传输性能。文献[1]在 2006 年首次提出使用一个节点来协助其他节点以增强安全传输性能，之后，文献[2]提出了协同干扰这一概念。在多中继无线协同通信系统中，信号的传输需要经过两个阶段才能完成，在第一个阶段，源节点向中继节点发送信号；在第二个阶段，中继节点将接收到的信号转发给合法目标节点。信号在两个阶段的传输过程中都有可能遭到窃听，从而增加了信号传输的风险。现有的对于无线协同中继系统物理层安全的研究，如文献[3-4]，主要考虑如何增强第二个阶段信号传输的安全性。在实际应用中，当窃听节点位于中继节点的附近时，它能窃听到源节点及中继节点发出的信号，这种情况下系统需要同时提高两个传输阶段的安全性能。本章引入协同干扰技术来提高第一个阶段的安全传输性能，即在第一个阶段中，一部分中继用于发送干扰信号干扰窃听节点，另一部分中继用于接收信号并采用分布式波束成形技术转发有用信号。

自 Wyner 提出窃听信道模型以来，大量文献研究了不同窃听信道模型下的保密容量[5]。除了保密容量的研究，很多文献也从用户服务质量（QoS）的角度提出了增强物理层安全传输性能的方法[6-9]，其中，信干噪比[6,9-11]、均方误差[7-8]等作为衡量用户服务质量的性能指标被广泛使用。文献[12]提出了基于最大化 SLNR 的物理层安全方案。文献[13-14]针对理想 CSI 的情况，提出了协同干扰下的分布式波束成形方案，增强了无线协同中继系统的物理层安全性能。与文献[13-14]不同的是，本章在被动窃听场景中，针对两个传输阶段都存在 CSI 误差的情况，研究了协同干扰下的分布式波束成形技术。

现有的无线协同中继系统物理层安全的研究大多集中在窃听节点天线数量小于所有中继节点天线数量的场景[15-16]。本章也针对窃听节点配置多根天线的场景进行了研究，尤其是窃听节点天线数量大于中继节点总天线数量的情况，利用文献[12]所提的 SLNR 作为性能指标设计了系统的物理层安全传输方案。

本章构建了窃听节点在源节点电磁信号覆盖范围内的单源、多中继、单合法目标节点系统中的窃听信道模型，根据是否已知窃听链路的 CSI，提出了两种提高系统物理层安全传输性能的方案。首先，当未知窃听链路 CSI 时，针对源节点到所有中继节点的 CSI 以及所有中继节点到合法目标节点非理想 CSI 的情况，提出了协同干扰下的分布式波束成形方案。该方案在数学上可以转换为一个双层优化问题，其中，内层优化问题可以转换为一个二阶锥规划（SOCP）问题，利用内点法进行求解，外层优化问题可以利用凸优化理论直接求解。其次，当窃听链路 CSI 已知时，针对窃听节点配置多根天线的场景，提出了协同干扰下基于 SLNR 的物理层安全传输方案，该方案是在满足每个中继节点功率约束以及协同干扰信号不对合法目标节点造成影响的条件下最大化 SLNR。

4.2 系统模型

考虑如图 4-1 所示的协同干扰下的无线协同中继窃听信道模型，其由一个源节点 S，n 个中继节点 $\{R_1,\cdots,R_n\}$，一个合法目标节点 D，一个友好的协同干扰节点 J 和一个窃听节点 E 组成，源节点、中继节点以及合法目标节点都配置单根天线，

$n>1$，假设中继节点采用放大转发（AF）协议。为了便于描述问题，这里假设只有一个节点 J 作为友好的协同干扰节点。

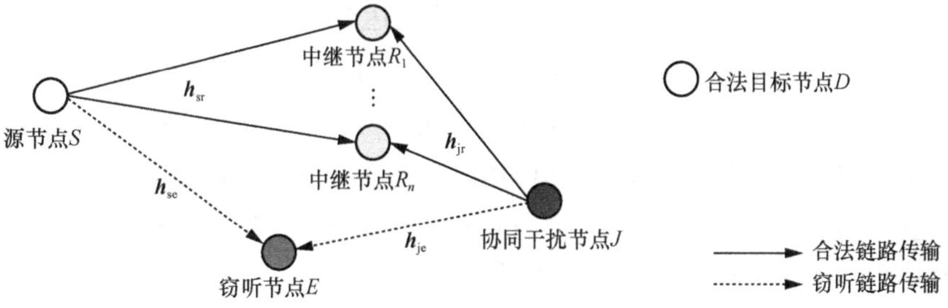

（a）第一个传输阶段

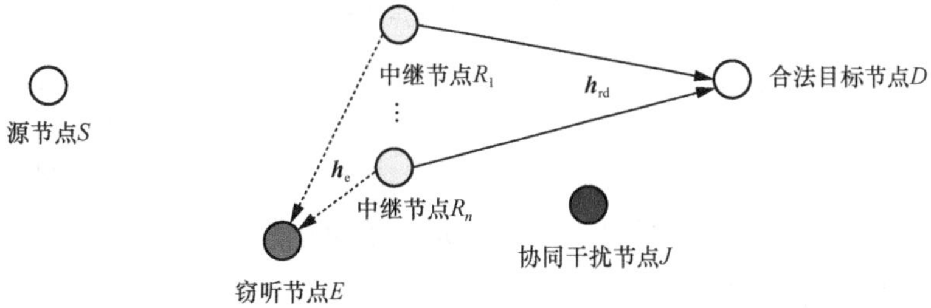

（b）第二个传输阶段

图 4-1　协同干扰下的无线协同中继窃听信道模型

某个时刻源节点与中继节点进行通信，其友好的协同干扰节点 J 进行协同来增强系统的安全性能。假设所有的节点都采用半双工模式，并且由于源节点与合法目标节点之间的距离很远，源节点和合法目标节点之间没有直接的链路，必须经由中继节点来转发信号，即信号经过两个传输阶段达到合法目标节点。假设窃听节点在中继节点附近，可以窃听到源节点以及中继节点发出的信号。在信号的发送过程中，中继节点协同转发源节点发送过来的信号，友好的协同干扰节点发送干扰信号干扰窃听节点的信号接收。

使用 $\boldsymbol{h}_{sr}=(h_{sr,1},\cdots,h_{sr,n})^{T}\in\mathcal{C}^{n\times1}$ 表示从源节点到所有中继节点的信道增益，$\boldsymbol{h}_{rd}=(h_{rd,1},\cdots,h_{rd,n})^{T}\in\mathcal{C}^{n\times1}$ 表示从所有中继节点到合法目标节点的信道增益，$\boldsymbol{h}_{jr}=(h_{jr,1},\cdots,h_{jr,n})^{T}\in\mathcal{C}^{n\times1}$ 表示从协同干扰节点到所有中继节点的信道增益。在第 4.3 节的研究中，假设窃听节点也配置单根天线，使用 $\boldsymbol{h}_{e}=(h_{e,1},\cdots,h_{e,n})^{T}\in\mathcal{C}^{n\times1}$ 表示从所有中继节点到窃听节点的信道增益，$h_{je}\in\mathcal{C}$ 表示从协同干扰节点到窃听节点的信道增益，$h_{se}\in\mathcal{C}$ 表示从源节点到窃听节点的信道增益。假设 $\boldsymbol{h}_{sr}$、$\boldsymbol{h}_{rd}$、$\boldsymbol{h}_{e}$、h_{se}

和 h_{je} 中的每个元素均为服从独立同分布的高斯随机变量。

假设源节点通过中继节点向合法目标节点发送秘密符号 s，且 $\mathbb{E}\left(|s|^2\right)=1$。源节点发出的信号必须经过两个传输阶段才能到达合法目标节点。在第一个传输阶段，源节点通过广播形式向中继节点发送信号，由于它与合法目标节点没有直接链路，合法目标节点不能收到源节点发送的信号。然而，当窃听节点在中继节点附近时，窃听节点能够窃听到源节点发出的信号。同时，在这个阶段，协同干扰节点 J 发送干扰信号 z，以恶化窃听节点的接收性能。那么，在第一个传输阶段中，中继节点接收的信号 $\boldsymbol{x}_{\text{r}}=(x_{\text{r},1},\cdots,x_{\text{r},n})^{\text{T}}$ 表示为

$$\boldsymbol{x}_{\text{r}}=\sqrt{P_{\text{s}}}\boldsymbol{h}_{\text{sr}}s+\sqrt{P_{\text{j}}}\boldsymbol{h}_{\text{jr}}z+\boldsymbol{n}_{\text{r}} \tag{4-1}$$

其中，P_{s} 为符号的发射功率，P_{j} 为协同干扰信号的发射功率，z 是协同干扰节点 J 在这个阶段发送的干扰信号，归一化后满足 $\mathbb{E}\left(|z|^2\right)=1$，$\boldsymbol{n}_{\text{r}}\in\mathcal{C}^{n\times 1}$ 是具有协方差矩阵为 $\sigma_{\text{r}}^2\boldsymbol{I}_n$ 的零均值加性白高斯噪声矢量，$\boldsymbol{I}_n$ 为 $n\times n$ 的单位矩阵。

同时，窃听节点接收的信号 x_{e} 表示为

$$x_{\text{e}}=\sqrt{P_{\text{s}}}h_{\text{se}}s+\sqrt{P_{\text{j}}}h_{\text{je}}z+n_{\text{e},1} \tag{4-2}$$

其中，$n_{\text{e},1}\in\mathcal{C}$ 为方差 $\sigma_{\text{e},1}^2$ 的零均值加性白高斯噪声。

第二个传输阶段中，n 个中继节点对接收到的信号放大转发给合法目标节点。在这一阶段，窃听节点也能够窃听到中继节点转发的信号。中继节点采用分布式波束成形技术，即在信号发送之前乘以发送波束成形矩阵 $\boldsymbol{W}_{\text{b}}=\text{diag}\left(w_1^*,\cdots,w_n^*\right)$，对接收到的信号矢量 $\boldsymbol{x}_{\text{r}}$ 进行加权。

假设每个中继节点的最大发射功率为 $P_i, i=1,\cdots,n$。中继节点发送有用信号的功率 P_{t} 可以表示为

$$\begin{aligned}P_{\text{t}}=\boldsymbol{w}^{\text{H}}\left(P_{\text{s}}\boldsymbol{R}_{\text{sr}}+P_{\text{j}}\boldsymbol{R}_{\text{jr}}+\sigma_{\text{r}}^2\boldsymbol{I}_n\right)\boldsymbol{w}=\\ P_{\text{s}}\left(\sum_{i=1}^{n}\left|w_i^*h_{\text{sr},i}\right|^2\right)+\sigma_{\text{r}}^2\sum_{i=1}^{n}|w_i|^2+P_{\text{j}}\left(\sum_{i=1}^{n}\left|w_i^*h_{\text{jr},i}\right|^2\right)\end{aligned} \tag{4-3}$$

其中，$\boldsymbol{w}=(w_1,\cdots,w_n)^{\text{T}}$，$\boldsymbol{R}_{\text{sr}}=\text{diag}\left(\left|h_{\text{sr},1}\right|^2,\cdots,\left|h_{\text{sr},n}\right|^2\right)$，$\boldsymbol{R}_{\text{jr}}=\text{diag}\left(\left|h_{\text{jr},1}\right|^2,\cdots,\left|h_{\text{jr},n}\right|^2\right)$。

合法目标节点接收到的信号 y_{d} 可以表示为

$$y_{\mathrm{d}} = \sqrt{P_{\mathrm{s}}}\boldsymbol{h}_{\mathrm{rd}}^{\mathrm{T}}\boldsymbol{W}_{\mathrm{b}}\boldsymbol{h}_{\mathrm{sr}}s + \sqrt{P_{\mathrm{j}}}\boldsymbol{h}_{\mathrm{rd}}^{\mathrm{T}}\boldsymbol{W}_{\mathrm{b}}\boldsymbol{h}_{\mathrm{jr}}z + \boldsymbol{h}_{\mathrm{rd}}^{\mathrm{T}}\boldsymbol{W}_{\mathrm{b}}\boldsymbol{n}_{\mathrm{r}} + n_{\mathrm{d}} \tag{4-4}$$

其中，$n_{\mathrm{d}} \in \mathcal{C}$ 为方差为 σ_{d}^2 的零均值加性白高斯噪声。

同时，窃听节点也能够窃听到第二个传输阶段的信号，其获取的信号 y_{e} 可以表示为

$$y_{\mathrm{e}} = \sqrt{P_{\mathrm{s}}}\boldsymbol{h}_{\mathrm{e}}^{\mathrm{T}}\boldsymbol{W}_{\mathrm{b}}\boldsymbol{h}_{\mathrm{sr}}s + \sqrt{P_{\mathrm{j}}}\boldsymbol{h}_{\mathrm{e}}^{\mathrm{T}}\boldsymbol{W}_{\mathrm{b}}\boldsymbol{h}_{\mathrm{jr}}z + \boldsymbol{h}_{\mathrm{e}}^{\mathrm{T}}\boldsymbol{W}_{\mathrm{b}}\boldsymbol{n}_{\mathrm{r}} + n_{\mathrm{e},2} \tag{4-5}$$

其中，$n_{\mathrm{e},2} \in \mathcal{C}$ 为方差为 $\sigma_{\mathrm{e},2}^2$ 的零均值加性白高斯噪声。

4.3 未知窃听链路 CSI 下的安全传输方案

本节研究未知窃听链路 CSI 下的物理层安全技术，第一个传输阶段采用协同干扰技术，第二个传输阶段采用掩蔽式波束成形技术，针对源节点到所有中继节点的 CSI 以及所有中继节点到合法目标节点的 CSI 都存在误差的情况，提出了鲁棒性安全传输方案，并利用双层优化方法设计了优化算法。

在未知窃听链路 CSI 的情况下，不能直接对保密速率进行优化，那么除了在第一个传输阶段采用如第 4.2 节所述的协同干扰技术外，在第二个传输阶段中，中继节点除了考虑采用分布式波束成形技术之外，也采用人工噪声策略来干扰潜在的窃听节点，即掩蔽式波束成形方法。

因此，在第二个传输阶段中，中继节点既要对接收到的信号矢量 $\boldsymbol{x}_{\mathrm{r}}$ 使用波束成形矩阵 $\boldsymbol{W}_{\mathrm{b}}$ 进行加权后转发，也要发送人工噪声 $\boldsymbol{n}_{\mathrm{an}} \in \mathcal{C}^{n\times 1}$，那么，中继节点发送的信号 $\boldsymbol{y}_{\mathrm{r}} = (y_{\mathrm{r},1},\cdots,y_{\mathrm{r},n})^{\mathrm{T}}$ 可以表示为

$$\boldsymbol{y}_{\mathrm{r}} = \boldsymbol{W}_{\mathrm{b}}\boldsymbol{x}_{\mathrm{r}} + \boldsymbol{n}_{\mathrm{an}} \tag{4-6}$$

其中，每个中继节点的功率满足 $\mathbb{E}\left(\left|y_{r,i}\right|^2\right) \leqslant P_i$，$i = 1,\cdots,n$，$P_{\mathrm{an}} = \mathbb{E}\left(\boldsymbol{n}_{\mathrm{an}}^{\mathrm{H}}\boldsymbol{n}_{\mathrm{an}}\right)$ 表示人工噪声功率。

考虑人工噪声，合法目标节点接收到的信号 y_{d} 变为

$$y_{\mathrm{d}} = \sqrt{P_{\mathrm{s}}}\boldsymbol{h}_{\mathrm{rd}}^{\mathrm{T}}\boldsymbol{W}_{\mathrm{b}}\boldsymbol{h}_{\mathrm{sr}}s + \sqrt{P_{\mathrm{j}}}\boldsymbol{h}_{\mathrm{rd}}^{\mathrm{T}}\boldsymbol{W}_{\mathrm{b}}\boldsymbol{h}_{\mathrm{jr}}z + \boldsymbol{h}_{\mathrm{rd}}^{\mathrm{T}}\boldsymbol{W}_{\mathrm{b}}\boldsymbol{n}_{\mathrm{r}} + \boldsymbol{h}_{\mathrm{rd}}^{\mathrm{T}}\boldsymbol{n}_{\mathrm{an}} + n_{\mathrm{d}} \tag{4-7}$$

假设合法目标节点采用一个线性接收滤波 $\dfrac{\beta}{\sqrt{P_{\mathrm{s}}}}$ 来处理它接收到的信号 y_{d}，从

而得到它的期望符号的一个估计值，其中，β 为一个正的标量。则合法目标节点获得的估计符号 $\hat{s}$ 可以表示为

$$\hat{s}=\frac{\beta}{\sqrt{P_{\mathrm{s}}}}y_{\mathrm{d}} \tag{4-8}$$

在第二个传输阶段中，窃听节点接收的信号 y_{e} 变为

$$y_{\mathrm{e}}=\sqrt{P_{\mathrm{s}}}\boldsymbol{h}_{\mathrm{e}}^{\mathrm{T}}\boldsymbol{W}_{\mathrm{b}}\boldsymbol{h}_{\mathrm{sr}}s+\sqrt{P_{\mathrm{j}}}\boldsymbol{h}_{\mathrm{e}}^{\mathrm{T}}\boldsymbol{W}_{\mathrm{b}}\boldsymbol{h}_{\mathrm{jr}}z+\boldsymbol{h}_{\mathrm{e}}^{\mathrm{T}}\boldsymbol{W}_{\mathrm{b}}\boldsymbol{n}_{\mathrm{r}}+\boldsymbol{h}_{\mathrm{e}}^{\mathrm{T}}\boldsymbol{n}_{\mathrm{an}}+n_{\mathrm{e},2} \tag{4-9}$$

由式（4-7）可以看出，在第二个传输阶段中，人工噪声对合法目标节点的接收造成了干扰，因此必须进行相应处理。那么，为了防止人工噪声对合法目标节点的接收性能造成干扰，中继节点产生的人工噪声 $\boldsymbol{n}_{\mathrm{an}}$ 必须位于合法信道 $\boldsymbol{h}_{\mathrm{rd}}$ 的零空间上，即满足 $\boldsymbol{h}_{\mathrm{rd}}^{\mathrm{T}}\boldsymbol{n}_{\mathrm{an}}=0$。于是，能得到

$$\boldsymbol{n}_{\mathrm{an}}=\boldsymbol{\Pi}\boldsymbol{v}_{a} \tag{4-10}$$

其中，$\boldsymbol{\Pi}$ 是 $\boldsymbol{h}_{\mathrm{rd}}$ 的零空间上的一组正交基且满足 $\boldsymbol{\Pi}\boldsymbol{\Pi}^{\mathrm{H}}=\boldsymbol{I}_{n}$，$\boldsymbol{v}_{a}$ 是零均值方差为 $\sigma_{a,k}^{2}$，$k=1,\cdots,n-1$ 的独立同分布的高斯随机矢量。

利用式（4-10），合法目标节点的均方误差（MSE）可以表示为

$$\begin{aligned}&\varepsilon_{\mathrm{d}}=\mathbb{E}\left(\left|\hat{s}-s\right|^{2}\right)=\\&\beta^{2}\boldsymbol{w}^{\mathrm{H}}\boldsymbol{r}_{\mathrm{h},1}\boldsymbol{r}_{\mathrm{h},1}^{\mathrm{H}}\boldsymbol{w}-\mathrm{Re}\left(2\beta\boldsymbol{r}_{\mathrm{h},1}^{\mathrm{H}}\boldsymbol{w}\right)+\frac{P_{\mathrm{j}}\beta^{2}}{P_{\mathrm{s}}}\boldsymbol{w}^{\mathrm{H}}\boldsymbol{r}_{\mathrm{h},2}\boldsymbol{r}_{\mathrm{h},2}^{\mathrm{H}}\boldsymbol{w}+\\&\frac{\beta^{2}\sigma_{\mathrm{r}}^{2}}{P_{\mathrm{s}}}\boldsymbol{w}^{\mathrm{H}}\boldsymbol{R}_{\mathrm{rd}}\boldsymbol{w}+\frac{\beta^{2}\sigma_{\mathrm{d}}^{2}}{P_{\mathrm{s}}}+1\end{aligned} \tag{4-11}$$

其中，$\boldsymbol{r}_{\mathrm{h}1}=(h_{\mathrm{sr},1}h_{\mathrm{rd},1},\cdots,h_{\mathrm{sr},n}h_{\mathrm{rd},n})^{\mathrm{T}}$，$\boldsymbol{r}_{\mathrm{h}2}=(h_{\mathrm{jr},1}h_{\mathrm{rd},1},\cdots,h_{\mathrm{jr},n}h_{\mathrm{rd},n})^{\mathrm{T}}$，$\mathrm{Re}(\cdot)$ 表示复数的实部，$\boldsymbol{R}_{\mathrm{rd}}=\mathrm{diag}\left(\left|h_{\mathrm{rd},1}\right|^{2},\cdots,\left|h_{\mathrm{rd},n}\right|^{2}\right)$。

综合式（4-2）和式（4-9），窃听节点在两个传输阶段中的信号模型可以表示为

$$\boldsymbol{y}_{\mathrm{e}}=\boldsymbol{H}_{\mathrm{e}}\boldsymbol{x}+\boldsymbol{n}_{\mathrm{e}} \tag{4-12}$$

其中，$\boldsymbol{y}_{\rm e}=(x_{\rm e},y_{\rm e})^{\rm T}$，$\boldsymbol{x}=(s,z)^{\rm T}$，$\boldsymbol{H}_{\rm e}=\begin{pmatrix}\sqrt{P_{\rm s}}h_{\rm se} & \sqrt{P_{\rm j}}h_{\rm je}\\ \sqrt{P_{\rm s}}\boldsymbol{h}_{\rm e}^{\rm T}\boldsymbol{W}_{\rm b}\boldsymbol{h}_{\rm sr} & \sqrt{P_{\rm j}}\boldsymbol{h}_{\rm e}^{\rm T}\boldsymbol{W}_{\rm b}\boldsymbol{h}_{\rm jr}\end{pmatrix}$，$\boldsymbol{n}_{\rm e}=\begin{pmatrix}n_{\rm e,1}\\ \boldsymbol{h}_{\rm e}^{\rm T}\boldsymbol{W}_{\rm b}\boldsymbol{n}_{\rm r}+\boldsymbol{h}_{\rm e}^{\rm T}\boldsymbol{n}_{\rm an}+n_{\rm e,2}\end{pmatrix}$。

假设窃听节点已知中继节点的发送波束成形矩阵以及人工噪声协方差矩阵，那么，窃听节点的最小均方误差（MMSE）可以表示为

$$\varepsilon_{\rm e}=\mathbb{E}\left(\left|\boldsymbol{G}_{\rm e,1}\boldsymbol{H}_{\rm e}\boldsymbol{x}+\boldsymbol{G}_{\rm e,1}\boldsymbol{n}_{\rm e}-s\right|^2\right) \tag{4-13}$$

其中，$\boldsymbol{G}_{\rm e}=\boldsymbol{H}_{\rm e}\left(\boldsymbol{H}_{\rm e}\boldsymbol{R}_{\boldsymbol{x}}\boldsymbol{H}_{\rm e}^{\rm H}+\boldsymbol{R}_{n}\right)^{-1}$，$\boldsymbol{R}_x=\mathbb{E}(\boldsymbol{x}\boldsymbol{x}^{\rm H})$，$\boldsymbol{R}_n=\mathbb{E}\left(\boldsymbol{n}_{\rm e}\boldsymbol{n}_{\rm e}^{\rm H}\right)$，$\boldsymbol{G}_{\rm e,1}$ 表示 $\boldsymbol{G}_{\rm e}$ 中的第一行元素。

中继节点消耗的总功率分为有用信号的发射功率和人工噪声功率。在未知窃听链路 CSI 的情况下，为了最大限度地恶化潜在窃听节点接收性能，本节在满足合法目标节点 MSE 约束 c 和第 i 个中继功率约束 P_i 的条件下，最大化人工噪声功率以达到干扰潜在窃听节点的目的，从而增强系统的物理层安全性能。这个问题等价于在同样的约束条件下，最小化中继节点发射有用信号的功率。从式（4-7）可以看到，为了防止友好的协同干扰节点发射的干扰信号干扰合法目标节点，设计中继权重 $\boldsymbol{w}$ 使其在 $\boldsymbol{r}_{\rm h,2}^{\rm H}$ 的零空间上，即 $\boldsymbol{r}_{\rm h,2}^{\rm H}\boldsymbol{w}=0$，这使友好的协同干扰节点发送的干扰信号经中继节点转发后只会干扰潜在的窃听节点而不会干扰合法目标节点。在满足合法目标节点的 MSE 约束 c 以及每个中继节点的功率约束 P_i 的条件下，最小化中继节点发送有用信号的功率，这个最优化问题表示为

$$\begin{aligned}\min_{\boldsymbol{w},\beta}\quad & \boldsymbol{w}^{\rm H}\boldsymbol{T}\boldsymbol{w}\\ \text{s.t.}\quad & \varepsilon_{\rm d}\leqslant c\\ & \left[\boldsymbol{w}\boldsymbol{w}^{\rm H}\right]_{i,i}[\boldsymbol{T}]_{i,i}\leqslant P_i,\forall i\\ & \boldsymbol{r}_{\rm h,2}^{\rm H}\boldsymbol{w}=0\end{aligned} \tag{4-14}$$

其中，$\boldsymbol{T}=P_{\rm s}\boldsymbol{R}_{\rm sr}+P_{\rm j}\boldsymbol{R}_{\rm jr}+\sigma_{\rm r}^2\boldsymbol{I}_n$，$[\cdot]_{i,i}$ 表示矩阵第 i 行第 i 列的元素。

本节研究的目标就是根据源节点可以获得的用户 CSI 情况，为优化式（4-14）设计有效的算法。假设 $\boldsymbol{w}$、β 均由发端设计，然后通知到合法目标节点从而设计对应的最优接收滤波器。当发端获取到的合法链路的CSI完全理想时，根据式(4-10)

产生的人工噪声与合法链路的信道理想正交，即 $\boldsymbol{h}_{\rm rd}^{\rm T}\boldsymbol{n}_{\rm an}=0$，这时可以利用第 4.3.1 节中给出的算法 4-1 对式（4-14）进行求解。然而，当源节点到所有中继节点的 CSI 以及所有中继节点到合法目标节点的 CSI 存在误差时，算法 4-1 不再适用，因此，本章也设计了鲁棒性的分布式波束成形方案及求解算法，既能满足合法目标节点的 MSE 目标值又能对抗 CSI 误差的影响，该方案在第 4.3.2 节中提出。

4.3.1 合法链路理想 CSI 情况下的设计

本节介绍了在未知窃听链路 CSI 以及合法链路理想 CSI 情况下的分布式波束成形算法。首先将式（4-14）转换为实数域上的问题，然后采用双层优化方法进行求解，其中的内外层优化问题都可以利用凸优化理论进行求解。

复变量 $\boldsymbol{w}$ 在实数域上被定义为 $\boldsymbol{w}_{\rm re}=\left(\mathrm{Re}(w_1),\mathrm{Im}(w_1),\cdots,\mathrm{Re}(w_n),\mathrm{Im}(w_n)\right)^{\rm T}$，其中，$\mathrm{Im}(\cdot)$ 表示复数的虚部。$\boldsymbol{w}^{\rm H}\boldsymbol{A}\boldsymbol{w}$ 在实数域上的表达式为

$$\boldsymbol{w}^{\rm H}\boldsymbol{A}\boldsymbol{w}=\boldsymbol{w}_{\rm re}^{\rm T}\begin{pmatrix}\mathrm{Re}(\boldsymbol{A}) & -\mathrm{Im}(\boldsymbol{A})\\ \mathrm{Im}(\boldsymbol{A}) & \mathrm{Re}(\boldsymbol{A})\end{pmatrix}\boldsymbol{w}_{\rm re}=\boldsymbol{w}_{\rm re}^{\rm T}\boldsymbol{A}_{\rm re}\boldsymbol{w}_{\rm re} \tag{4-15}$$

利用式（4-15），将式（4-14）转换为如下实数域上的问题。

$$\begin{aligned}\min_{\boldsymbol{w},\beta}\quad & \boldsymbol{w}_{\rm re}^{\rm T}\boldsymbol{T}_{\rm re}\boldsymbol{w}_{\rm re}\\ \text{s.t.}\quad & \boldsymbol{w}_{\rm re}^{\rm T}\boldsymbol{G}_{\rm re}\boldsymbol{w}_{\rm re}-2\beta\boldsymbol{g}_{\rm c}\left(\boldsymbol{r}_{\rm h1}^{\rm H}\right)_{\rm re}\boldsymbol{w}_{\rm re}+1+\frac{\beta^2\sigma_{\rm d}^2}{P_{\rm s}}-c\leqslant 0\\ & \boldsymbol{w}_{\rm re}^{\rm T}\boldsymbol{I}_{w,i}\boldsymbol{w}_{\rm re}\leqslant\frac{P_i}{[\boldsymbol{T}]_{i,i}},\forall i\\ & \left(\boldsymbol{r}_{\rm h2}^{\rm H}\right)_{\rm re}\boldsymbol{w}_{\rm re}=\boldsymbol{0}_{2\times1}\end{aligned} \tag{4-16}$$

其中，$\boldsymbol{g}_{\rm c}=(1,0)$，$\boldsymbol{G}=\beta^2\boldsymbol{r}_{\rm h,1}\boldsymbol{r}_{\rm h,1}^{\rm H}+\dfrac{\beta^2\sigma_{\rm r}^2}{P_{\rm s}}\boldsymbol{R}_{\rm rd}$，$\boldsymbol{G}_{\rm re}$ 是 $\boldsymbol{G}$ 在实数域的表示方式，$\boldsymbol{I}_{w,i}=\mathrm{diag}(0,\cdots,1,1,\cdots,0)$，$\boldsymbol{I}_{w,i}$ 中的第 $2i-1$ 个和第 $2i$ 个元素为 1。这里，$\boldsymbol{r}_{\rm h,2}^{\rm H}$ 被看成一个矩阵，因此 $\boldsymbol{r}_{\rm h,2}^{\rm H}$ 在实数域表示为 $\begin{pmatrix}\mathrm{Re}\left(\boldsymbol{r}_{\rm h,2}^{\rm H}\right) & -\mathrm{Im}\left(\boldsymbol{r}_{\rm h,2}^{\rm H}\right)\\ \mathrm{Im}\left(\boldsymbol{r}_{\rm h,2}^{\rm H}\right) & \mathrm{Re}\left(\boldsymbol{r}_{\rm h,2}^{\rm H}\right)\end{pmatrix}$。

定义 $\left(\boldsymbol{r}_{\rm h,2}^{\rm H}\right)_{\rm re}\boldsymbol{w}_{\rm re}=\boldsymbol{0}_{2\times1}$ 的解为 $\boldsymbol{w}_{\rm re}=\boldsymbol{\varGamma}\boldsymbol{v}$，其中，$\boldsymbol{\varGamma}$ 为 $\left(\boldsymbol{r}_{\rm h,2}^{\rm H}\right)_{\rm re}$ 的零空间的投影矩阵，

$\boldsymbol{\Gamma}$ 的列构成了 $\left(\boldsymbol{r}_{\mathrm{h},2}^{\mathrm{H}}\right)_{\mathrm{re}}$ 的零空间的一个正交基，$\boldsymbol{\Gamma}$ 是 $2n\times 2(n-1)$ 的矩阵，$\boldsymbol{v}$ 是 $2(n-1)\times 1$ 的矢量。

那么，将 $\boldsymbol{w}_{\mathrm{re}}=\boldsymbol{\Gamma}\boldsymbol{v}$ 代入式（4-16）中的目标函数以及约束条件中，则式（4-16）可以转换为

$$
\begin{aligned}
\min_{\boldsymbol{v},\beta}\quad & \boldsymbol{v}^{\mathrm{T}}\boldsymbol{\Gamma}^{\mathrm{T}}\boldsymbol{T}_{\mathrm{re}}\boldsymbol{\Gamma}\boldsymbol{v}\\
\mathrm{s.t.}\quad & \boldsymbol{v}^{\mathrm{T}}\boldsymbol{\Gamma}^{\mathrm{T}}\boldsymbol{G}_{\mathrm{re}}\boldsymbol{\Gamma}\boldsymbol{v}-2\beta\boldsymbol{g}_{\mathrm{c}}\left(\boldsymbol{r}_{\mathrm{h},1}^{\mathrm{H}}\right)_{\mathrm{r,e}}\boldsymbol{\Gamma}\boldsymbol{v}+1+\frac{\beta^{2}\sigma_{\mathrm{d}}^{2}}{P_{\mathrm{s}}}-c\leqslant 0\\
& \boldsymbol{v}^{\mathrm{T}}\boldsymbol{\Gamma}^{\mathrm{T}}\boldsymbol{I}_{w,i}\boldsymbol{\Gamma}\boldsymbol{v}\leqslant\frac{P_{i}}{[\boldsymbol{T}]_{i,i}},\forall i
\end{aligned}
\tag{4-17}
$$

引入变量 τ，则式（4-17）转换为

$$
\begin{aligned}
\min_{\boldsymbol{v},\tau,\beta}\quad & \tau\\
\mathrm{s.t.}\quad & \boldsymbol{v}^{\mathrm{T}}\boldsymbol{\Gamma}^{\mathrm{T}}\boldsymbol{T}_{\mathrm{re}}\boldsymbol{\Gamma}\boldsymbol{v}\leqslant\tau\\
& \boldsymbol{v}^{\mathrm{T}}\boldsymbol{\Gamma}^{\mathrm{T}}\boldsymbol{G}_{\mathrm{re}}\boldsymbol{\Gamma}\boldsymbol{v}-2\beta\boldsymbol{g}_{\mathrm{c}}\left(\boldsymbol{r}_{\mathrm{h},1}^{\mathrm{H}}\right)_{\mathrm{re}}\boldsymbol{\Gamma}\boldsymbol{v}+1+\frac{\beta^{2}\sigma_{\mathrm{d}}^{2}}{P_{\mathrm{s}}}-c\leqslant 0\\
& \boldsymbol{v}^{\mathrm{T}}\boldsymbol{\Gamma}^{\mathrm{T}}\boldsymbol{I}_{w,i}\boldsymbol{\Gamma}\boldsymbol{v}\leqslant\frac{P_{i}}{[\boldsymbol{T}]_{i,i}},\forall i
\end{aligned}
\tag{4-18}
$$

$\boldsymbol{G}$ 是一个对称的正定矩阵，因此在实数域上的表示 $\hat{\boldsymbol{G}}_{\mathrm{re}}=\boldsymbol{\Gamma}^{\mathrm{T}}\boldsymbol{G}_{\mathrm{re}}\boldsymbol{\Gamma}$ 也是对称正定的。那么，就存在正交矩阵 $\boldsymbol{U}$ 使 $\boldsymbol{U}^{\mathrm{T}}\hat{\boldsymbol{G}}_{\mathrm{re}}\boldsymbol{U}=\hat{\boldsymbol{G}}_{\mathrm{d}}$，其中，$\hat{\boldsymbol{G}}_{\mathrm{d}}$ 是一个对角矩阵，对角上的元素都是正的，$\boldsymbol{U}^{\mathrm{T}}\boldsymbol{U}=\boldsymbol{I}_{2(n-1)}$。$\boldsymbol{T}$ 在实数域上的表示为 $\boldsymbol{T}_{\mathrm{re}}$，$\boldsymbol{T}_{\mathrm{re}}$ 是一个正定的对角矩阵。

将 $\boldsymbol{U}$ 引入式（4-18）中，则式（4-18）可以转换为

$$
\begin{aligned}
\min_{\boldsymbol{v},\tau,\beta}\quad & \tau\\
\mathrm{s.t.}\quad & (\boldsymbol{U}\boldsymbol{v})^{\mathrm{T}}\boldsymbol{U}\boldsymbol{\Gamma}^{\mathrm{T}}\boldsymbol{T}_{\mathrm{re}}\boldsymbol{\Gamma}\boldsymbol{U}^{\mathrm{T}}\boldsymbol{U}\boldsymbol{v}\leqslant\tau\\
& (\boldsymbol{U}\boldsymbol{v})^{\mathrm{T}}\boldsymbol{U}\boldsymbol{\Gamma}^{\mathrm{T}}\boldsymbol{G}_{\mathrm{re}}\boldsymbol{\Gamma}\boldsymbol{U}^{\mathrm{T}}\boldsymbol{U}\boldsymbol{v}-2\beta\boldsymbol{g}_{\mathrm{c}}\left(\boldsymbol{r}_{\mathrm{h},1}^{\mathrm{H}}\right)_{\mathrm{re}}\boldsymbol{\Gamma}\boldsymbol{U}^{\mathrm{T}}\boldsymbol{U}\boldsymbol{v}+1+\frac{\beta^{2}\sigma_{\mathrm{d}}^{2}}{P_{\mathrm{s}}}-c\leqslant 0\\
& (\boldsymbol{U}\boldsymbol{v})^{\mathrm{T}}\boldsymbol{U}\boldsymbol{\Gamma}^{\mathrm{T}}\boldsymbol{I}_{w,i}\boldsymbol{\Gamma}\boldsymbol{U}^{\mathrm{T}}\boldsymbol{U}\boldsymbol{v}\leqslant\frac{P_{i}}{[\boldsymbol{T}]_{i,i}},\forall i
\end{aligned}
\tag{4-19}
$$

利用 $\boldsymbol{U}^{\mathrm{T}}\hat{\boldsymbol{G}}_{\mathrm{re}}\boldsymbol{U}=\hat{\boldsymbol{G}}_{\mathrm{d}}$ 将式（4-19）改写为

$$\begin{aligned}
\min_{\boldsymbol{v},\tau,\beta} \quad & \tau \\
\text{s.t.} \quad & (\boldsymbol{U}\boldsymbol{v})^{\mathrm{T}}\boldsymbol{U}\boldsymbol{\Gamma}^{\mathrm{T}}\boldsymbol{T}_{\mathrm{re}}\boldsymbol{\Gamma}\boldsymbol{U}^{\mathrm{T}}\boldsymbol{U}\boldsymbol{v} \leqslant \tau \\
& (\boldsymbol{U}\boldsymbol{v})^{\mathrm{T}}\hat{\boldsymbol{G}}_{\mathrm{d}}\boldsymbol{U}\boldsymbol{v} - 2\beta\boldsymbol{g}_{\mathrm{c}}\left(\boldsymbol{r}_{\mathrm{h},1}^{\mathrm{H}}\right)_{\mathrm{re}}\boldsymbol{\Gamma}\boldsymbol{U}^{\mathrm{T}}\boldsymbol{U}\boldsymbol{v} + 1 + \frac{\beta^2\sigma_{\mathrm{d}}^2}{P_{\mathrm{s}}} - c \leqslant 0 \\
& (\boldsymbol{U}\boldsymbol{v})^{\mathrm{T}}\boldsymbol{U}\boldsymbol{\Gamma}^{\mathrm{T}}\boldsymbol{I}_{w,i}\boldsymbol{\Gamma}\boldsymbol{U}^{\mathrm{T}}\boldsymbol{U}\boldsymbol{v} \leqslant \frac{P_i}{[\boldsymbol{T}]_{i,i}}, \forall i
\end{aligned} \tag{4-20}$$

为了方便求解问题，式（4-20）又可以等价转换为

$$\begin{aligned}
\min_{\tilde{\boldsymbol{v}},\tau,\beta} \quad & \tau \\
\text{s.t.} \quad & \left\|\tilde{\boldsymbol{T}}\tilde{\boldsymbol{v}}\right\| \leqslant \tau \\
& \left\|\tilde{\boldsymbol{G}}\tilde{\boldsymbol{v}} + \boldsymbol{z}\right\| \leqslant \tilde{\boldsymbol{r}}_{\mathrm{h}}^{\mathrm{T}}\tilde{\boldsymbol{v}} - \frac{\beta^2\sigma_{\mathrm{d}}^2}{2P_{\mathrm{s}}} + \frac{c}{2} \\
& \left\|\tilde{\boldsymbol{I}}_i\tilde{\boldsymbol{v}}\right\| \leqslant \sqrt{\frac{P_i}{\boldsymbol{T}_{i,i}}}, \forall i
\end{aligned} \tag{4-21}$$

其中，$\tilde{\boldsymbol{v}} = \left((\boldsymbol{U}\boldsymbol{v})^{\mathrm{T}}\tau\right)^{\mathrm{T}}$，$\tilde{\boldsymbol{T}} = \begin{pmatrix} \sqrt{\boldsymbol{T}_{\mathrm{re}}}\boldsymbol{\Gamma}\boldsymbol{U}^{\mathrm{T}} & \boldsymbol{0}_{2n\times1} \\ \boldsymbol{0}_{2(n-1)\times1} & 0 \end{pmatrix}$，$\boldsymbol{z}^{\mathrm{T}} = \left(\boldsymbol{0}_{1\times2(n-1)},\ 1 + \frac{\beta^2\sigma_{\mathrm{d}}^2}{2P_{\mathrm{s}}} - \frac{c}{2}\right)$，$\tilde{\boldsymbol{r}}_{\mathrm{h}}^{\mathrm{T}} = \left(\beta\boldsymbol{g}_{\mathrm{c}}\left(\boldsymbol{r}_{\mathrm{h},1}^{\mathrm{H}}\right)_{\mathrm{re}}\boldsymbol{\Gamma}\boldsymbol{U}^{\mathrm{T}},\ 0\right)$，$\tilde{\boldsymbol{I}}_i = \begin{pmatrix} \boldsymbol{I}_{w,i}\boldsymbol{\Gamma}\boldsymbol{U}^{\mathrm{T}} & \boldsymbol{0}_{2n\times1} \\ \boldsymbol{0}_{2(n-1)\times1} & 0 \end{pmatrix}$，$\tilde{\boldsymbol{G}} = \begin{pmatrix} \sqrt{\hat{\boldsymbol{G}}_{\mathrm{d}}} & \boldsymbol{0}_{2(n-1)\times1} \\ -\beta\boldsymbol{g}_{\mathrm{c}}\left(\boldsymbol{r}_{\mathrm{h},1}^{\mathrm{H}}\right)_{\mathrm{re}}\boldsymbol{\Gamma}\boldsymbol{U}^{\mathrm{T}} & 0 \end{pmatrix}$。

由上述转换可以看出，式（4-16）与式（4-21）是等价的。采用双层优化方法求解式（4-21），首先，在固定的 β 下，求解最优的分布式波束成形权重 $\boldsymbol{w}$；然后，固定得到的 $\boldsymbol{w}$，求解最优的 β。也就是固定其中的一些变量，同时对其他变量进行求解。

从式（4-21）可以看出，当 β 固定时，式（4-21）变成一个二阶锥规划（SOCP）问题，SOCP 问题是一个凸规划问题，可以使用内点法得到最优解。另外，当 $\boldsymbol{w}$ 固定时，可以通过最小化合法目标节点 MSE 来获得 β，合法目标节点 MSE 的最小化问题表示为

$$\min_{\beta}\left(\boldsymbol{w}^{\mathrm{H}}\boldsymbol{r}_{\mathrm{h},1}\boldsymbol{r}_{\mathrm{h},1}^{\mathrm{H}}\boldsymbol{w} + \frac{\sigma_{\mathrm{r}}^2}{P_{\mathrm{s}}}\boldsymbol{w}^{\mathrm{H}}\boldsymbol{R}_{\mathrm{rd}}\boldsymbol{w} + \frac{\sigma_{\mathrm{d}}^2}{P_{\mathrm{s}}}\right)\beta^2 - \mathrm{Re}\left(2\boldsymbol{w}^{\mathrm{H}}\boldsymbol{r}_{\mathrm{h},1}\right)\beta + 1 \tag{4-22}$$

明显地，式（4-22）是一个凸规划问题，可以直接得到它的最优解为

$$\beta=\frac{\mathrm{Re}\left(\boldsymbol{r}_{\mathrm{h},1}^{\mathrm{H}}\boldsymbol{w}\right)}{\boldsymbol{w}^{\mathrm{H}}\boldsymbol{r}_{\mathrm{h},1}\boldsymbol{r}_{\mathrm{h},1}^{\mathrm{H}}\boldsymbol{w}+\frac{\sigma_{\mathrm{r}}^{2}}{P_{\mathrm{s}}}\boldsymbol{w}^{\mathrm{H}}\boldsymbol{R}_{\mathrm{rd}}\boldsymbol{w}+\frac{\sigma_{\mathrm{d}}^{2}}{P_{\mathrm{s}}}} \tag{4-23}$$

算法 4-1 给出了利用双层优化方法[17]求解式（4-16）的交替迭代优化算法。算法 4-1 的复杂度主要来自求解 SOCP 问题，分析利用内点法求解 SOCP 问题的复杂度是非常困难的，根据文献[18]可以对算法的复杂度进行大概的估计。这个 SOCP 问题有 $n+2$ 个约束，变量 $\tilde{\boldsymbol{w}}$ 是 $n+1$ 维的，因此，利用算法 4-1 求解式（4-16）的复杂度至少为 $O\left((n+2)(n+1)\right)$[18]。

算法 4-1　求解式（4-16）的交替迭代优化算法

1) 初始化求解精度 η，$P_t=P_t^0$，$\beta=\beta^0$
2) 开始迭代，设置迭代次数 $k=1$
3) 　　固定 β^{k-1}，求解式（4-21）得到 $\boldsymbol{w}^k$
4) 　　固定 $\boldsymbol{w}^k$，求解式（4-22）得到 β^k
5) 如果满足 $\left|P_t^k-P_t^{k-1}\right|\leqslant\eta$，则迭代终止并输出；否则，设置 $k=k+1$，回到步骤 2)

4.3.2　合法链路非理想 CSI 情况下的设计

在实际的无线中继通信中，信道状态信息估计及量化都会造成非理想 CSI。文献[19]研究了无线协同中继系统的中继节点到合法目标节点的非理想 CSI 情况下的系统性能。文献[20]研究了无线协同中继系统的源节点到中继节点的非理想 CSI 情况下的系统性能。然而，在实际通信中，源节点到中继节点的 CSI 以及中继节点到合法目标节点的 CSI 估计都有可能存在误差。与文献[19]和文献[20]不同的是，本节考虑了这两个阶段都存在 CSI 误差的情况，这里采用如下高斯误差模型。

$$\begin{aligned}\boldsymbol{h}_{\mathrm{sr}}&=\hat{\boldsymbol{h}}_{\mathrm{sr}}+\boldsymbol{e}_{\mathrm{sr}}\\\boldsymbol{h}_{\mathrm{rd}}&=\hat{\boldsymbol{h}}_{\mathrm{rd}}+\boldsymbol{e}_{\mathrm{rd}}\\\boldsymbol{h}_{\mathrm{jr}}&=\hat{\boldsymbol{h}}_{\mathrm{jr}}+\boldsymbol{e}_{\mathrm{jr}}\end{aligned} \tag{4-24}$$

其中，$\boldsymbol{h}_{\mathrm{sr}}$、$\boldsymbol{h}_{\mathrm{rd}}$ 和 $\boldsymbol{h}_{\mathrm{jr}}$ 表示实际通信中真实的信道状态信息，$\hat{\boldsymbol{h}}_{\mathrm{sr}}=(\hat{h}_{\mathrm{sr},1},\cdots,\hat{h}_{\mathrm{sr},n})^{\mathrm{T}}$、$\hat{\boldsymbol{h}}_{\mathrm{rd}}=(\hat{h}_{\mathrm{rd},1},\cdots,\hat{h}_{\mathrm{rd},n})^{\mathrm{T}}$ 和 $\hat{\boldsymbol{h}}_{\mathrm{jr}}=(\hat{h}_{\mathrm{jr},1},\cdots,\hat{h}_{\mathrm{jr},n})^{\mathrm{T}}$ 表示源节点到中继节点、中继节点到合法目

标节点和协同干扰节点到中继节点的信道状态信息估计值，$\boldsymbol{e}_{\text{sr}}=(e_{\text{sr},1},\cdots,e_{\text{sr},n})^{\text{T}}$、$\boldsymbol{e}_{\text{rd}}=(e_{\text{rd},1},\cdots,e_{\text{rd},n})^{\text{T}}$ 和 $\boldsymbol{e}_{\text{jr}}=(e_{\text{jr},1},\cdots,e_{\text{jr},n})^{\text{T}}$ 是方差分别为 $\sigma_{\text{sr}}^2\boldsymbol{I}_n$、$\sigma_{\text{rd}}^2\boldsymbol{I}_n$ 和 $\sigma_{\text{jr}}^2\boldsymbol{I}_n$ 的零均值加性白高斯误差。另外，假设估计误差与信道增益是统计独立的。

在合法链路非理想 CSI 情况下，合法目标节点的平均 MSE 表示为

$$\begin{aligned}
&\overline{\varepsilon}_{\text{d}}=\mathbb{E}\left(\left|\hat{s}-s\right|^2\right)= \\
&\beta^2\boldsymbol{w}^{\text{H}}\hat{\boldsymbol{r}}_{\text{h},1}\hat{\boldsymbol{r}}_{\text{h},1}^{\text{H}}\boldsymbol{w}-\operatorname{Re}\left(2\beta\boldsymbol{w}^{\text{H}}\hat{\boldsymbol{r}}_{\text{h},1}\right)+\frac{\beta^2P_{\text{j}}}{P_{\text{s}}}\boldsymbol{w}^{\text{H}}\hat{\boldsymbol{r}}_{\text{h},2}\hat{\boldsymbol{r}}_{\text{h},2}^{\text{H}}\boldsymbol{w}+ \\
&\frac{\beta^2\sigma_{\text{r}}^2}{P_{\text{s}}}\left(\boldsymbol{w}^{\text{H}}\boldsymbol{R}_{\text{rd}}\boldsymbol{w}+\sigma_{\text{rd}}^2\boldsymbol{w}^{\text{H}}\boldsymbol{w}\right)+\frac{\beta^2\sigma_{\text{d}}^2}{P_{\text{s}}}+\frac{\beta^2\sigma_{\text{rd}}^2}{P_{\text{s}}}P_{\text{an}}+1
\end{aligned}\tag{4-25}$$

其中，$\hat{\boldsymbol{r}}_{\text{h},1}=\left(\hat{h}_{\text{sr},1}\hat{h}_{\text{rd},1},\cdots,\hat{h}_{\text{sr},n}\hat{h}_{\text{rd},n}\right)^{\text{T}}$，$\hat{\boldsymbol{r}}_{\text{h},2}=\left(\hat{h}_{\text{jr},1}\hat{h}_{\text{rd},1},\cdots,\hat{h}_{\text{jr},n}\hat{h}_{\text{rd},n}\right)^{\text{T}}$，$\hat{\boldsymbol{R}}_{\text{sr}}=\operatorname{diag}\left(\left|\hat{h}_{\text{sr},1}\right|^2,\cdots,\left|\hat{h}_{\text{sr},n}\right|^2\right)$，$\hat{\boldsymbol{R}}_{\text{rd}}=\operatorname{diag}\left(\left|\hat{h}_{\text{rd},1}\right|^2,\cdots,\left|\hat{h}_{\text{rd},n}\right|^2\right)$。

非理想 CSI 会降低用于干扰窃听节点的人工噪声功率，那么，在给定的信道状态信息误差内，最小的人工噪声发射功率满足以下不等式约束。

$$\begin{aligned}
&P_{\text{an}}=P_{\max}-\max_{\boldsymbol{e}_{\text{sr}}}\left(\boldsymbol{w}^{\text{H}}\left(P_{\text{s}}\boldsymbol{R}_{\text{sr}}+P_{\text{j}}\,\boldsymbol{R}_{\text{jr}}+\sigma_{\text{r}}^2\boldsymbol{I}_n\right)\boldsymbol{w}\right)\leqslant \\
&P_{\max}-\mathbb{E}\left(\boldsymbol{w}^{\text{H}}\left(P_{\text{s}}\boldsymbol{R}_{\text{sr}}+P_{\text{j}}\,\boldsymbol{R}_{\text{jr}}+\sigma_{\text{r}}^2\boldsymbol{I}_n\right)\boldsymbol{w}\right)= \\
&P_{\max}-\boldsymbol{w}^{\text{H}}\left(P_{\text{s}}\hat{\boldsymbol{R}}_{\text{sr}}+P_{\text{j}}\,\hat{\boldsymbol{R}}_{\text{jr}}\right)\boldsymbol{w}-\left(\sigma_{\text{r}}^2+P_{\text{s}}\sigma_{\text{sr}}^2+P_{\text{j}}\,\sigma_{\text{jr}}^2\right)\boldsymbol{w}^{\text{H}}\boldsymbol{w}
\end{aligned}\tag{4-26}$$

其中，$\hat{\boldsymbol{R}}_{\text{jr}}=\operatorname{diag}\left(\left|\hat{h}_{\text{jr},1}\right|^2,\cdots,\left|\hat{h}_{\text{jr},n}\right|^2\right)$，$P_{\max}=\sum_{i=1}^{n}P_i$。

将式（4-26）代入式（4-25），可以得到

$$\begin{aligned}
&\overline{\varepsilon}_{\text{d}}\leqslant\beta^2\boldsymbol{w}^{\text{H}}\hat{\boldsymbol{r}}_{\text{h},1}\hat{\boldsymbol{r}}_{\text{h},1}^{\text{H}}\boldsymbol{w}+\frac{\beta^2P_{\text{j}}}{P_{\text{s}}}\boldsymbol{w}^{\text{H}}\hat{\boldsymbol{r}}_{\text{h},2}\hat{\boldsymbol{r}}_{\text{h},2}^{\text{H}}\boldsymbol{w}+\frac{\beta^2\sigma_{\text{r}}^2}{P_{\text{s}}}\boldsymbol{w}^{\text{H}}\boldsymbol{R}_{\text{rd}}\boldsymbol{w}+\frac{\beta^2\sigma_{\text{rd}}^2P_{\max}}{P_{\text{s}}}- \\
&\frac{\beta^2\sigma_{\text{rd}}^2P_{\text{j}}}{P_{\text{s}}}\boldsymbol{w}^{\text{H}}\hat{\boldsymbol{R}}_{\text{jr}}\boldsymbol{w}-\frac{\beta^2\sigma_{\text{rd}}^2}{P_{\text{s}}}\left(P_{\text{s}}\sigma_{\text{sr}}^2+P_{\text{j}}\,\sigma_{\text{jr}}^2\right)\boldsymbol{w}^{\text{H}}\boldsymbol{w}- \\
&\beta^2\sigma_{\text{rd}}^2\boldsymbol{w}^{\text{H}}\hat{\boldsymbol{R}}_{\text{sr}}\boldsymbol{w}+\frac{\beta^2\sigma_{\text{d}}^2}{P_{\text{s}}}-\operatorname{Re}\left(2\boldsymbol{w}^{\text{H}}\hat{\boldsymbol{r}}_{\text{h},1}\right)\beta+1\overset{\Delta}{=}\varepsilon
\end{aligned}\tag{4-27}$$

本节的目标是设计中继权重 $\boldsymbol{w}$ 使人工噪声功率最大化，考虑源节点到所有中继节点的 CSI 以及所有中继节点到合法目标节点的 CSI 出现误差的情况，中继节点发

送人工噪声功率的最优化问题在数学上是一个最大最小问题，这等价于中继节点发送有用信号功率的最小最大化问题。因此，在给定的合法链路的 CSI 误差内，满足合法目标节点的平均 MSE 约束 c 以及每个中继节点的功率约束 P_i 的条件下，同时考虑消除协同干扰节点发送的干扰信号对合法目标节点的影响，则协同干扰下非理想 CSI 的安全传输方案可以设计成如下最优化问题。

$$
\begin{aligned}
\min_{\boldsymbol{w},\beta}\max_{\boldsymbol{e}_{\rm sr}}\quad & \sum_{i=1}^{n}\left(P_{\rm s}\left|w_i^* h_{{\rm sr},i}\right|^2 + P_{\rm j}\left|w_i^* h_{{\rm jr},i}\right|^2 + \sigma_{\rm r}^2\left|w_i\right|^2\right) \\
\text{s.t.}\quad & \bar{\varepsilon}_{\rm d} \leqslant c \\
& \left[\boldsymbol{w}\boldsymbol{w}^{\rm H}\right]_{i,i}\left[P_{\rm s}\boldsymbol{R}_{\rm sr} + P_{\rm j}\boldsymbol{R}_{\rm jr} + \sigma_{\rm r}^2\boldsymbol{I}_n\right]_{i,i} \leqslant P_i, \forall \boldsymbol{e}_{\rm sr}, \forall i \\
& \hat{\boldsymbol{r}}_{{\rm h},2}^{\rm H}\boldsymbol{w} = 0
\end{aligned}
\tag{4-28}
$$

接下来，分析式（4-28）的求解方法。

定义 $y_{1,i} = \max\limits_{\boldsymbol{e}_{\rm sr}}\left|w_i^* h_{{\rm sr},i}\right|$ 以及 $y_{2,i} = \max\limits_{\boldsymbol{e}_{\rm jr}}\left|w_i^* h_{{\rm jr},i}\right|$，$i = 1,\cdots,n$，将它们代入式（4-28），则式（4-28）可以转换为

$$
\begin{aligned}
\min_{\boldsymbol{w},\beta}\quad & \sum_{i=1}^{n}\left(P_{\rm s}y_{1,i}^2 + P_{\rm j}y_{2,i}^2 + \sigma_{\rm r}^2\left|w_i\right|^2\right) \\
\text{s.t.}\quad & \bar{\varepsilon}_{\rm d} \leqslant c \\
& \left[\boldsymbol{w}\boldsymbol{w}^{\rm H}\right]_{i,i}\left[P_{\rm s}\boldsymbol{R}_{\rm sr} + P_{\rm j}\boldsymbol{R}_{\rm jr} + \sigma_{\rm r}^2\boldsymbol{I}_n\right]_{i,i} \leqslant P_i, \forall \boldsymbol{e}_{\rm sr}, \forall i \\
& \left|w_i^* h_{{\rm sr},i}\right| \leqslant y_{1,i}, \forall i \\
& \left|w_i^* h_{{\rm jr},i}\right| \leqslant y_{2,i}, \forall i \\
& \hat{\boldsymbol{r}}_{{\rm h},2}^{\rm H}\boldsymbol{w} = 0
\end{aligned}
\tag{4-29}
$$

高斯分布的“3σ 原则”是指使用高斯分布产生的每一个值有 99.74%的概率落在区间$[-3\sigma,3\sigma]$内。那么，利用高斯分布的“3σ 原则”以及三角不等式，可以得到

$$
\begin{aligned}
&\max_{\left|e_{{\rm sr},i}\right|\leqslant\xi_{1,i}}\left|w_i^* h_{{\rm sr},i}\right| = \max_{\left|e_{{\rm sr},i}\right|\leqslant\xi_{1,i}}\left|(\hat{h}_{{\rm sr},i} + e_i)w_i^*\right| \leqslant \max_{\left|e_{{\rm sr},i}\right|\leqslant\xi_{1,i}}\left(\left|\hat{h}_{{\rm sr},i}w_i^*\right| + \left|e_{{\rm sr},i}w_i^*\right|\right) \leqslant \\
&\max_{\left|e_{{\rm sr},i}\right|\leqslant\xi_{1,i}}\left(\left|\hat{h}_{{\rm sr},i}w_i^*\right| + \left|e_{{\rm sr},i}\right|\left|w_i^*\right|\right) = \left|\hat{h}_{{\rm sr},i}w_i^*\right| + \xi_{1,i}\left|w_i^*\right|
\end{aligned}
\tag{4-30}
$$

其中，$\xi_{1,i} = 3\sqrt{2}\sigma_{\rm sr}$。

类似地，还可以得到

$$\max_{|e_{\mathrm{jr},i}|\leqslant\xi_{2,i}}\left|w_i^* h_{\mathrm{jr},i}\right| = \max_{|e_{\mathrm{jr},i}|\leqslant\xi_{2,i}}\left|\left(\hat{h}_{\mathrm{jr},i}+e_i\right)w_i^*\right| \leqslant \max_{|e_{\mathrm{jr},i}|\leqslant\xi_{2,i}}\left(\left|\hat{h}_{\mathrm{jr},i}w_i^*\right|+\left|e_{\mathrm{jr},i}w_i^*\right|\right)\leqslant$$

$$\max_{|e_{\mathrm{jr},i}|\leqslant\xi_{2,i}}\left(\left|\hat{h}_{\mathrm{jr},i}w_i^*\right|+\left|e_{\mathrm{jr},i}\right|\left|w_i^*\right|\right)=\left|\hat{h}_{\mathrm{jr},i}w_i^*\right|+\xi_{2,i}\left|w_i^*\right| \tag{4-31}$$

其中，$\xi_{2,i}=3\sqrt{2}\sigma_{\mathrm{jr}}$。

利用式（4-30）和式（4-31），可以得到

$$\left[P_{\mathrm{s}}\boldsymbol{R}_{\mathrm{sr}}+P_{\mathrm{j}}\boldsymbol{R}_{\mathrm{jr}}+\sigma_{\mathrm{r}}^2\boldsymbol{I}_n\right]_{i,i}\leqslant P_{\mathrm{s}}\left(\left|\hat{h}_{\mathrm{sr},i}\right|+\xi_{1,i}\right)^2+P_{\mathrm{j}}\left(\left|\hat{h}_{\mathrm{jr},i}\right|+\xi_{2,i}\right)^2+\sigma_{\mathrm{r}}^2 \tag{4-32}$$

利用式（4-30）～式（4-32），则式（4-29）转换为

$$\begin{aligned}
\min_{\boldsymbol{w},\boldsymbol{y}_1,\boldsymbol{y}_2}\quad & \sum_{i=1}^{n}P_{\mathrm{s}}y_{1,i}^2+\sum_{i=1}^{n}P_{\mathrm{j}}y_{2,i}^2+\sigma_{\mathrm{r}}^2\sum_{i=1}^{n}\left|w_i\right|^2\\
\text{s.t.}\quad & \bar{\varepsilon}_{\mathrm{d}}\leqslant c\\
& \left[\boldsymbol{w}\boldsymbol{w}^{\mathrm{H}}\right]_{i,i}\leqslant\theta_i,\forall i\\
& \left|\hat{h}_{\mathrm{sr},i}w_i^*\right|+\xi_{1,i}\left|w_i^*\right|\leqslant y_{1,i}\forall i\\
& \left|\hat{h}_{\mathrm{jr},i}w_i^*\right|+\xi_{2,i}\left|w_i^*\right|\leqslant y_{2,i}\forall i\\
& \hat{\boldsymbol{r}}_{\mathrm{h},2}^{\mathrm{H}}\boldsymbol{w}=0
\end{aligned} \tag{4-33}$$

其中，$\boldsymbol{y}_1=(y_{1,1},\cdots,y_{1,n})^{\mathrm{T}}$，$\boldsymbol{y}_2=(y_{2,1},\cdots,y_{2,n})^{\mathrm{T}}$，$\theta_i=\dfrac{P_i}{P_{\mathrm{s}}\left(\left|\hat{h}_{\mathrm{sr},i}\right|+\xi_{1,i}\right)^2+P_{\mathrm{j}}\left(\left|\hat{h}_{\mathrm{jr},i}\right|+\xi_{2,i}\right)^2+\sigma_{\mathrm{r}}^2}$。

将式（4-27）代入式（4-33），可以得到

$$\begin{aligned}
\min_{\boldsymbol{w},\boldsymbol{y}_1,\boldsymbol{y}_2}\quad & \sum_{i=1}^{n}P_{\mathrm{s}}y_{1,i}^2+\sum_{i=1}^{n}P_{\mathrm{j}}y_{2,i}^2+\sigma_{\mathrm{r}}^2\sum_{i=1}^{n}\left|w_i\right|^2\\
\text{s.t.}\quad & \varepsilon\leqslant c\\
& \left[\boldsymbol{w}\boldsymbol{w}^{\mathrm{H}}\right]_{i,i}\leqslant\theta_i,\forall i\\
& \left|\hat{h}_{\mathrm{sr},i}w_i^*\right|+\xi_{1,i}\left|w_i^*\right|\leqslant y_{1,i},\forall i\\
& \left|\hat{h}_{\mathrm{jr},i}w_i^*\right|+\xi_{2,i}\left|w_i^*\right|\leqslant y_{2,i},\forall i\\
& \hat{\boldsymbol{r}}_{\mathrm{h},2}^{\mathrm{H}}\boldsymbol{w}=0
\end{aligned} \tag{4-34}$$

利用三角不等式，通过变量代换，式（4-34）转换为

$$
\begin{aligned}
\min_{y_1,y_2,w,u_1,u_2}\quad & P_{\rm s}\sum_{i=1}^{n}y_{1,i}^2+P_{\rm j}\sum_{i=1}^{n}y_{2,i}^2+\sigma_{\rm r}^2\sum_{i=1}^{n}|w_i|^2\\
{\rm s.t.}\quad & \boldsymbol{w}^{\rm H}\boldsymbol{A}\boldsymbol{w}-{\rm Re}\left(2\boldsymbol{w}^{\rm H}\hat{\boldsymbol{r}}_{\rm h,1}\right)\beta+\frac{\beta^2\sigma_{\rm rd}^2}{P_{\rm s}}P_{\max}+\frac{\beta^2\sigma_{\rm d}^2}{P_{\rm s}}+1-c\leqslant 0\\
& |w_i|^2\leqslant\theta_i,\forall i\\
& u_{1,i}+\xi_{1,i}u_{2,i}\leqslant y_{1,i},\forall i\\
& \left|\hat{h}_{{\rm sr},i}w_i^*\right|-u_{1,i}\leqslant 0,\forall i\\
& \left|w_i^*\right|-u_{2,i}\leqslant 0,\forall i\\
& u_{3,i}+\xi_{2,i}u_{2,i}\leqslant y_{2,i},\forall i\\
& \left|\hat{h}_{{\rm jr},i}w_i^*\right|-u_{3,i}\leqslant 0,\forall i\\
& \hat{\boldsymbol{r}}_{\rm h,2}^{\rm H}\boldsymbol{w}=0
\end{aligned}
\tag{4-35}
$$

其中，$\boldsymbol{u}_1=(u_{1,1},\cdots,u_{1,n})^{\rm T}$，$\boldsymbol{u}_2=(u_{2,1},\cdots,u_{2,n})^{\rm T}$，$\boldsymbol{u}_3=(u_{3,1},\cdots,u_{3,n})^{\rm T}$，$\boldsymbol{A}=\beta^2\hat{\boldsymbol{r}}_{\rm h1}\hat{\boldsymbol{r}}_{\rm h1}^{\rm H}+\frac{\beta^2P_{\rm j}}{P_{\rm s}}\hat{\boldsymbol{r}}_{\rm h2}\hat{\boldsymbol{r}}_{\rm h2}^{\rm H}+\frac{\beta^2\sigma_{\rm r}^2}{P_{\rm s}}\left(\hat{\boldsymbol{R}}_{\rm rd}+\sigma_{\rm rd}^2\boldsymbol{I}_n\right)-\frac{\beta^2\sigma_{\rm rd}^2}{P_{\rm s}}\left(P_{\rm s}\hat{\boldsymbol{R}}_{\rm sr}+P_{\rm j}\hat{\boldsymbol{R}}_{\rm jr}+\left(\sigma_{\rm r}^2+P_{\rm s}\sigma_{\rm sr}^2+P_{\rm j}\sigma_{\rm jr}^2\right)\boldsymbol{I}_n\right)$。

式（4-35）第一个约束中的 $\boldsymbol{A}$ 是一个复共轭矩阵，那么，存在正交矩阵 $\boldsymbol{\Gamma}$ 使 $\boldsymbol{\Gamma}^{\rm H}\boldsymbol{A}\boldsymbol{\Gamma}=\boldsymbol{\varLambda}$，其中，$\boldsymbol{\Gamma}^{\rm H}\boldsymbol{\Gamma}=\boldsymbol{I}_n$，$\boldsymbol{\varLambda}={\rm diag}(\lambda_1,\cdots,\lambda_n)$ 是对角矩阵。接下来，引入 $\boldsymbol{\Gamma}$ 对式（4-35）进行转换。

令 $\tilde{\boldsymbol{w}}=\boldsymbol{\Gamma}\boldsymbol{w}$，那么式（4-35）可以等价转换为如下实数域上的优化问题。

$$
\begin{aligned}
\min_{\tilde{\boldsymbol{w}}_{\rm re},\boldsymbol{y},\boldsymbol{u}}\quad & \sum_{i=1}^{n}P_{\rm s}y_{1,i}^2+\sum_{i=1}^{n}P_{\rm j}y_{2,i}^2+\sigma_{\rm r}^2\tilde{\boldsymbol{w}}_{\rm re}^{\rm T}\tilde{\boldsymbol{w}}_{\rm re}\\
{\rm s.t.}\quad & \tilde{\boldsymbol{w}}_{\rm re}^{\rm T}\boldsymbol{\varLambda}_{\rm re}\tilde{\boldsymbol{w}}_{\rm re}-2\beta\boldsymbol{g}_{\rm c}\left(\hat{\boldsymbol{r}}_{\rm h,1}^{\rm H}\boldsymbol{\Gamma}^{\rm H}\right)_{\rm re}\tilde{\boldsymbol{w}}_{\rm re}+\frac{\beta^2\sigma_{\rm rd}^2}{P_{\rm s}}P_{\max}+\\
& \frac{\beta^2\sigma_{\rm d}^2}{P_{\rm s}}+1-c\leqslant 0\\
& \tilde{\boldsymbol{w}}_{\rm re}^{\rm T}\boldsymbol{I}_{w,i}\tilde{\boldsymbol{w}}_{\rm re}\leqslant\theta_i,\forall i\\
& u_{1,i}+\xi_{1,i}u_{2,i}\leqslant y_{1,i},\forall i\\
& \left|h_{{\rm sr},i}\right|^2\tilde{\boldsymbol{w}}_{\rm re}^{\rm T}\boldsymbol{I}_{w,i}\tilde{\boldsymbol{w}}_{\rm re}-u_{1,i}^2\leqslant 0,\forall i\\
& \tilde{\boldsymbol{w}}_{\rm re}^{\rm T}\boldsymbol{I}_{w,i}\tilde{\boldsymbol{w}}_{\rm re}-u_{2,i}^2\leqslant 0,\forall i\\
& u_{3,i}+\xi_{2,i}u_{2,i}\leqslant y_{2,i},\forall i
\end{aligned}
$$

$$
\begin{aligned}
&\left|h_{\mathrm{jr},i}\right|^2 \tilde{\boldsymbol{w}}_{\mathrm{re}}^{\mathrm{T}}\boldsymbol{I}_{w,i}\tilde{\boldsymbol{w}}_{\mathrm{re}}-u_{3,i}^2\leqslant 0,\forall i\\
&u_{1,i}\geqslant 0,u_{2,i}\geqslant 0,u_{3,i}\geqslant 0,\forall i\\
&\left(\hat{\boldsymbol{r}}_{\mathrm{h},2}^{\mathrm{H}}\boldsymbol{\Gamma}^{\mathrm{H}}\right)_{\mathrm{re}}\tilde{\boldsymbol{w}}_{\mathrm{re}}=\boldsymbol{0}_{2\times 1}
\end{aligned}
\tag{4-36}
$$

其中，$\boldsymbol{y}=\left(\boldsymbol{y}_1^{\mathrm{T}},\boldsymbol{y}_2^{\mathrm{T}}\right)^{\mathrm{T}}$，$\boldsymbol{u}=\left(\boldsymbol{u}_1^{\mathrm{T}},\boldsymbol{u}_2^{\mathrm{T}},\boldsymbol{u}_3^{\mathrm{T}}\right)^{\mathrm{T}}$，$\boldsymbol{I}_{w,i}=\mathrm{diag}(0,\cdots,1,1,\cdots,0)$ 中的第 $2i-1$ 个和第 $2i$ 个元素为 1。

明显地，以下等价问题是成立的。

$$
\left(\hat{\boldsymbol{r}}_{\mathrm{h},2}^{\mathrm{H}}\boldsymbol{\Gamma}^{\mathrm{H}}\right)_{\mathrm{re}}\tilde{\boldsymbol{w}}_{\mathrm{re}}=\boldsymbol{0}_{2\times 1}\Leftrightarrow\left\|\left(\hat{\boldsymbol{r}}_{\mathrm{h},2}^{\mathrm{H}}\boldsymbol{\Gamma}^{\mathrm{H}}\right)_{\mathrm{re}}\tilde{\boldsymbol{w}}_{\mathrm{re}}\right\|\leqslant 0 \tag{4-37}
$$

利用式（4-37）将式（4-36）改写为

$$
\begin{aligned}
\min_{\boldsymbol{t}}\quad & \boldsymbol{t}^{\mathrm{T}}\boldsymbol{C}\boldsymbol{t}\\
\text{s.t.}\quad & \boldsymbol{t}^{\mathrm{T}}\tilde{\boldsymbol{\Lambda}}\boldsymbol{t}+\boldsymbol{b}\boldsymbol{t}+\frac{\beta^2\sigma_{\mathrm{rd}}^2}{P_{\mathrm{s}}}P_{\max}+\frac{\beta^2\sigma_{\mathrm{d}}^2}{P_{\mathrm{s}}}+1-c\leqslant 0\\
&\left\|\tilde{\boldsymbol{I}}_i\boldsymbol{t}\right\|\leqslant\sqrt{\theta_i},\forall i\\
&\boldsymbol{f}_{1,i}\boldsymbol{t}\leqslant 0,\forall i\\
&\left|h_{\mathrm{sr},i}\right|\left\|\tilde{\boldsymbol{I}}_i\boldsymbol{t}\right\|\leqslant\tilde{\boldsymbol{f}}_{1,i}\boldsymbol{t},\forall i\\
&\left\|\tilde{\boldsymbol{I}}_i\boldsymbol{t}\right\|\leqslant\tilde{\boldsymbol{f}}_{2,i}\boldsymbol{t},\forall i\\
&\boldsymbol{f}_{2,i}\boldsymbol{t}\leqslant 0,\forall i\\
&\left|h_{\mathrm{jr},i}\right|\left\|\tilde{\boldsymbol{I}}_i\boldsymbol{t}\right\|\leqslant\tilde{\boldsymbol{f}}_{3,i}\boldsymbol{t},\forall i\\
&\left\|\mathrm{diag}\left(\left(\hat{\boldsymbol{r}}_{\mathrm{h},2}^{\mathrm{H}}\boldsymbol{\Gamma}^{\mathrm{H}}\right)_{\mathrm{re}},\boldsymbol{0}\right)\boldsymbol{t}\right\|\leqslant 0
\end{aligned}
\tag{4-38}
$$

其中，$\boldsymbol{t}=\left(\tilde{\boldsymbol{w}}_{\mathrm{re}}^{\mathrm{T}},\boldsymbol{y}^{\mathrm{T}},\boldsymbol{u}^{\mathrm{T}}\right)^{\mathrm{T}}$，$\tilde{\boldsymbol{\Lambda}}=\mathrm{diag}(\boldsymbol{\Lambda}_{\mathrm{re}},\boldsymbol{0}_{5n\times 5n})$，$\boldsymbol{b}=\left(-2\beta\boldsymbol{g}_c\left(\hat{\boldsymbol{r}}_{\mathrm{h},1}^{\mathrm{H}}\boldsymbol{\Gamma}^{\mathrm{H}}\right)_{\mathrm{re}},0,\cdots,0\right)$，$\tilde{\boldsymbol{I}}_i=\mathrm{diag}(\boldsymbol{I}_{w,i},\boldsymbol{0}_{5n\times 5n})$，$\boldsymbol{C}=\mathrm{diag}\left(\sigma_{\mathrm{r}}^2\boldsymbol{I}_{2n},P_{\mathrm{s}}\boldsymbol{I}_n,P_{\mathrm{j}}\boldsymbol{I}_n,\boldsymbol{0}_{3n\times 3n}\right)$，$\boldsymbol{f}_{1,i}=(0,-1,\cdots,1,\cdots,\xi_{1,i}\cdots,0)$ 中第 $2n+i$ 个元素为 -1，第 $4n+i$ 个元素为 1，第 $5n+i$ 个元素为 $\xi_{1,i}$，$\boldsymbol{f}_{2,i}=(0,-1,\cdots,1,\cdots,\xi_{2,i}\cdots,0)$ 中第 $3n+i$ 个元素为 -1，第 $5n+i$ 个元素为 1，第 $6n+i$ 个元素为 $\xi_{2,i}$，$\tilde{\boldsymbol{f}}_{1,i}=(0,\cdots,1,\cdots,0)$ 中第 $4n+i$ 个元素为 1，$\tilde{\boldsymbol{f}}_{2,i}=(0,\cdots,1,\cdots,0)$ 中第 $5n+i$ 个元素为 1，$\tilde{\boldsymbol{f}}_{3,i}=(0,\cdots,1,\cdots,0)$ 中第 $5n+i$ 个元素为 1。

当满足以下两个条件时，式（4-35）第一个约束中的 $\boldsymbol{A}$ 为 Hermitian 正定矩阵。

条件 1：

$$\sum_{i=1}^{n}\left|\hat{h}_{\mathrm{rd},i}\right|^2\left|\hat{h}_{\mathrm{sr},i}\right|^2-\frac{P_{\mathrm{j}}\sigma_{\mathrm{rd}}^2}{P_{\mathrm{s}}}\left|\hat{h}_{\mathrm{jr},1}\right|^2-\sigma_{\mathrm{rd}}^2\left|\hat{h}_{\mathrm{sr},1}\right|^2+\frac{P_{\mathrm{j}}}{P_{\mathrm{s}}}\sum_{i=1}^{n}\left|\hat{h}_{\mathrm{rd},i}\right|^2\left|\hat{h}_{\mathrm{jr},i}\right|^2+$$
$$\frac{\sigma_{\mathrm{r}}^2}{P_{\mathrm{s}}}\left|\hat{h}_{\mathrm{rd},1}\right|^2-\frac{\sigma_{\mathrm{rd}}^2\left(P_{\mathrm{s}}\sigma_{\mathrm{sr}}^2+P_{\mathrm{j}}\sigma_{\mathrm{jr}}^2\right)}{P_{\mathrm{s}}}\geqslant 0 \tag{4-39}$$

条件 2：

$$\sigma_{\mathrm{r}}^2\left|\hat{h}_{\mathrm{rd},i}\right|^2-\sigma_{\mathrm{rd}}^2P_{\mathrm{s}}\left|\hat{h}_{\mathrm{sr},i}\right|^2-\sigma_{\mathrm{rd}}^2P_{\mathrm{j}}\left|\hat{h}_{\mathrm{jr},i}\right|^2-\sigma_{\mathrm{rd}}^2\left(P_{\mathrm{s}}\sigma_{\mathrm{sr}}^2+P_{\mathrm{j}}\sigma_{\mathrm{jr}}^2\right)\geqslant 0 \tag{4-40}$$

满足条件 1 的实际通信场景是：信号的发射功率大于人工噪声功率。满足条件 2 的实际通信场景是：中继节点到合法目标节点的信道质量优于源节点到中继节点的信道质量。

当式（4-35）中的 $\boldsymbol{A}$ 为 Hermitian 正定矩阵时，式（4-38）第一个约束中 $\tilde{\boldsymbol{A}}$ 的对角元素是正的，这时，式（4-38）的第一个约束可以写为

$$\boldsymbol{t}^{\mathrm{T}}\tilde{\boldsymbol{A}}\boldsymbol{t}+\boldsymbol{b}\boldsymbol{t}+1+\frac{\beta^2P_{\max}}{P_{\mathrm{s}}}\sigma_{\mathrm{rd}}^2+\frac{\beta^2\sigma_{\mathrm{d}}^2}{P_{\mathrm{s}}}-c\leqslant 0\Leftrightarrow$$

$$\left\|\sqrt{\tilde{\boldsymbol{A}}}\boldsymbol{t}\right\|^2+\left(\frac{\boldsymbol{b}\boldsymbol{t}+1+\frac{\beta^2P_{\max}}{P_{\mathrm{s}}}\sigma_{\mathrm{rd}}^2+\frac{\beta^2\sigma_{\mathrm{d}}^2}{P_{\mathrm{s}}}-c+1}{2}\right)^2\leqslant\left(\frac{-\boldsymbol{b}\boldsymbol{t}-1-\frac{\beta^2P_{\max}}{P_{\mathrm{s}}}\sigma_{\mathrm{rd}}^2-\frac{\beta^2\sigma_{\mathrm{d}}^2}{P_{\mathrm{s}}}+c+1}{2}\right)^2 \tag{4-41}$$

利用式（4-41），式（4-38）可以转换为

$$\begin{aligned}
\min_{\boldsymbol{t},\upsilon}\quad & \upsilon \\
\text{s.t.}\quad & \left\|\sqrt{\boldsymbol{C}}\boldsymbol{t}\right\|\leqslant\upsilon \\
& \left\|\boldsymbol{\kappa}\right\|\leqslant\alpha \\
& \left\|\tilde{\boldsymbol{I}}_i\boldsymbol{t}\right\|\leqslant\sqrt{\theta_i},\forall i \\
& \boldsymbol{f}_{1,i}\boldsymbol{t}\leqslant 0,\forall i \\
& \left|h_{\mathrm{sr},i}\right|\left\|\tilde{\boldsymbol{I}}_i\boldsymbol{t}\right\|\leqslant\tilde{\boldsymbol{f}}_{1,i}\boldsymbol{t},\forall i \\
& \left\|\tilde{\boldsymbol{I}}_i\boldsymbol{t}\right\|\leqslant\tilde{\boldsymbol{f}}_{2,i}\boldsymbol{t},\forall i
\end{aligned}$$

$$
\begin{aligned}
& \boldsymbol{f}_{2,i}\boldsymbol{t} \leqslant 0, \forall i \\
& \left|h_{\mathrm{jr},i}\right| \left\|\tilde{\boldsymbol{I}}_i \boldsymbol{t}\right\| \leqslant \tilde{\boldsymbol{f}}_{3,i}\boldsymbol{t}, \forall i \\
& \left\|\mathrm{diag}\left(\left(\hat{\boldsymbol{r}}_{\mathrm{h},2}^{\mathrm{H}} \boldsymbol{\Gamma}^{\mathrm{H}}\right)_{\mathrm{re}}, \boldsymbol{0}\right)\boldsymbol{t}\right\| \leqslant 0
\end{aligned} \tag{4-42}
$$

其中，$\boldsymbol{\kappa}=\left(\begin{array}{c}\sqrt{\tilde{\boldsymbol{\Lambda}}}\boldsymbol{t} \\ \dfrac{\boldsymbol{bt}+1+\dfrac{\beta^2 P_{\max}}{P_{\mathrm{s}}}\sigma_{\mathrm{rd}}^2+\dfrac{\beta^2\sigma_{\mathrm{d}}^2}{P_{\mathrm{s}}}-c+1}{2}\end{array}\right)$，$\alpha=\dfrac{-\boldsymbol{bt}-1-\dfrac{\beta^2 P_{\max}}{P_{\mathrm{s}}}\sigma_{\mathrm{rd}}^2-\dfrac{\beta^2\sigma_{\mathrm{d}}^2}{P_{\mathrm{s}}}+c+1}{2}$，$\upsilon$ 是任一变量。

仍然使用双层优化法对式（4-42）进行求解。当 β 固定时，式（4-42）是一个 SOCP 问题，这是一个凸优化问题，可以使用内点法得到最优解。当中继权重 $\boldsymbol{w}$ 固定时，β 可以通过求解以下合法目标节点的平均 MSE 最小化问题得到

$$
\min_{\beta} \rho\beta^2 - \mathrm{Re}\left(2\hat{\boldsymbol{r}}_{\mathrm{h},1}^{\mathrm{H}}\boldsymbol{w}\right)\beta + 1 \tag{4-43}
$$

其中，$\rho=\boldsymbol{w}^{\mathrm{H}}\hat{\boldsymbol{r}}_{\mathrm{h},1}\hat{\boldsymbol{r}}_{\mathrm{h},1}^{\mathrm{H}}\boldsymbol{w}+\dfrac{P_{\mathrm{j}}}{P_{\mathrm{s}}}\boldsymbol{w}^{\mathrm{H}}\hat{\boldsymbol{r}}_{\mathrm{h},2}\hat{\boldsymbol{r}}_{\mathrm{h},2}^{\mathrm{H}}\boldsymbol{w}+\dfrac{\sigma_{\mathrm{r}}^2}{P_{\mathrm{s}}}\boldsymbol{w}^{\mathrm{H}}\boldsymbol{R}_{\mathrm{rd}}\boldsymbol{w}+\dfrac{P_{\max}\sigma_{\mathrm{rd}}^2}{P_{\mathrm{s}}}-\sigma_{\mathrm{rd}}^2\boldsymbol{w}^{\mathrm{H}}\hat{\boldsymbol{R}}_{\mathrm{sr}}\boldsymbol{w}-\dfrac{P_{\mathrm{j}}\sigma_{\mathrm{rd}}^2}{P_{\mathrm{s}}}\boldsymbol{w}^{\mathrm{H}}\hat{\boldsymbol{R}}_{\mathrm{jr}}\boldsymbol{w}-\sigma_{\mathrm{sr}}^2\sigma_{\mathrm{rd}}^2\boldsymbol{w}^{\mathrm{H}}\boldsymbol{w}-\dfrac{P_{\mathrm{j}}\sigma_{\mathrm{rd}}^2}{P_{\mathrm{s}}}\boldsymbol{w}^{\mathrm{H}}\boldsymbol{w}+\dfrac{\sigma_{\mathrm{d}}^2}{P_{\mathrm{s}}}$。

式（4-43）是凸的，可以直接求解得到

$$
\beta=\frac{\mathrm{Re}\left(\hat{\boldsymbol{r}}_{\mathrm{h},1}^{\mathrm{H}}\boldsymbol{w}\right)}{\rho} \tag{4-44}
$$

将算法 4-1 中的式（4-21）和式（4-22）分别替换成式（4-42）和式（4-43）来求解非理想 CSI 下的安全方案。算法复杂度主要来自对 SOCP 问题的求解，SOCP 问题有 $6n+2$ 个约束，变量 $\tilde{\boldsymbol{w}}$ 是 $5n$ 维的，因此，算法复杂度至少为 $O\left((6n+2)5n\right)$[18]。

当得到 $\boldsymbol{w}$ 和 β 时，中继节点发送有用信号的功率可以表示为 $P_{t,i}=[\boldsymbol{w}\boldsymbol{w}^{\mathrm{H}}]_{i,i}[\boldsymbol{T}]_{i,i}$，剩余的功率用于发送人工噪声。$\sigma_{a,k}^2$ 可以通过求解以下问题获得。

$$
\begin{aligned}
\max \quad & \sum_{k=1}^{n-1}\sigma_{a,k}^2 \\
\text{s.t.} \quad & \mathbb{E}\left(\left|[\boldsymbol{n}_{\mathrm{an}}]_{i,1}\right|^2\right) \leqslant P_i - P_{\mathrm{t},i}, \forall i
\end{aligned} \tag{4-45}
$$

其中，$\mathbb{E}\left(\left|[\boldsymbol{n}_{\text{an}}]_{i,1}\right|^2\right)=\sum_{k=1}^{n-1}\left|\pi_{i,k}\right|^2\sigma_{a,k}^2$。

明显地，式（4-45）是一个线性规划问题，能够使用内点法求解得到最优值。

4.4 已知窃听链路 CSI 下的安全传输方案

现有对单源、多中继、单合法目标节点系统的物理层安全研究大多集中在窃听节点天线数量小于所有中继节点总天线数量的窃听场景。文献[16]对于第 4.2 节中的窃听节点配置单根天线的场景进行了基于 DF 中继协议下的物理层安全研究。与文献[16]不同的是，本节针对窃听节点配置多根天线的场景进行了研究，设计了该场景中基于 SLNR 的安全传输方案。本节在研究无线协同中继系统的物理层安全技术时，假设已知窃听节点的 CSI，这时的窃听节点是要进行管控的网内用户。

4.4.1 基于迫零约束的设计

当窃听节点配置多根天线时，合法目标节点接收到的信号与第 4.2 节所描述的一样，而窃听节点在第一个传输阶段和第二个传输阶段的传输中接收到的信号有所变化。

假设窃听节点配置 $m>1$ 根天线，则在第一个传输阶段中，窃听节点接收到的信号变为

$$\boldsymbol{x}_{\text{e},1}=\boldsymbol{h}_{\text{se}}\sqrt{P_{\text{s}}}s+\boldsymbol{h}_{\text{je}}\sqrt{P_{\text{j}}}z+\boldsymbol{n}_{\text{e},1} \tag{4-46}$$

其中，$\boldsymbol{h}_{\text{se}}\in\mathcal{C}^{m\times1}$ 表示源节点到窃听节点的信道增益矢量，$\boldsymbol{n}_{\text{e},1}\in\mathcal{C}^{m\times1}$ 是具有协方差矩阵 $\sigma_{\text{e},1}^2\boldsymbol{I}_m$ 的零均值加性白高斯噪声矢量。

在第二个传输阶段中，窃听节点接收到的信号变为

$$\boldsymbol{x}_{\text{e},2}=\sqrt{P_{\text{s}}}\boldsymbol{H}_{\text{e}}\boldsymbol{W}_{\text{b}}\boldsymbol{h}_{\text{sr}}s+\sqrt{P_{\text{j}}}\,\boldsymbol{H}_{\text{e}}\boldsymbol{W}_{\text{b}}\boldsymbol{h}_{\text{jr}}z+\boldsymbol{H}_{\text{e}}\boldsymbol{W}_{\text{b}}\boldsymbol{n}_{\text{r}}+\boldsymbol{n}_{\text{e},2} \tag{4-47}$$

其中，$\boldsymbol{H}_{\text{e}}\in\mathcal{C}^{m\times n}$ 表示中继节点到窃听节点的信道增益矩阵，$\boldsymbol{n}_{\text{e},2}\in\mathcal{C}^{m\times1}$ 表示具有协方差矩阵 $\sigma_{\text{e},2}^2\boldsymbol{I}_m$ 的零均值加性白高斯噪声矢量。

综合式（4-46）和式（4-47），窃听节点接收到两个传输阶段的信号重新写为

$$\boldsymbol{x}_{\mathrm{e}}=\begin{pmatrix}\sqrt{P_{\mathrm{s}}}\boldsymbol{h}_{\mathrm{se}}\\ \sqrt{P_{\mathrm{s}}}\boldsymbol{H}_{\mathrm{e}}\boldsymbol{H}_{\mathrm{sr}}\boldsymbol{w}\end{pmatrix}s+\begin{pmatrix}\boldsymbol{h}_{\mathrm{je}}\sqrt{P_{\mathrm{j}}}z+\boldsymbol{n}_{\mathrm{e},1}\\ \sqrt{P_{\mathrm{j}}}\boldsymbol{H}_{\mathrm{e}}\boldsymbol{W}_{\mathrm{b}}\boldsymbol{h}_{\mathrm{jr}}z+\boldsymbol{H}_{\mathrm{e}}\boldsymbol{W}_{\mathrm{b}}\boldsymbol{n}_{\mathrm{r}}+\boldsymbol{n}_{\mathrm{e},2}\end{pmatrix} \tag{4-48}$$

其中，$\boldsymbol{x}_{\mathrm{e}}=\begin{pmatrix}\boldsymbol{x}_{\mathrm{e},1}\\ \boldsymbol{x}_{\mathrm{e},2}\end{pmatrix}$，$\boldsymbol{H}_{\mathrm{sr}}=\mathrm{diag}\left(h_{\mathrm{sr},1},\cdots,h_{\mathrm{sr},n}\right)$。

那么，该场景下最大的保密速率表示为

$$C_{\mathrm{s}}=\max\left(0,I(y_{\mathrm{d}},s)-I(\boldsymbol{x}_{\mathrm{e}},s)\right) \tag{4-49}$$

其中，$I(\cdot,\cdot)$表示互信息。

$I(y_{\mathrm{d}},s)$表达式为

$$I(y_{\mathrm{d}},s)=\frac{1}{2}\log\left(1+\frac{P_{\mathrm{s}}\boldsymbol{w}^{\mathrm{H}}\boldsymbol{r}_{\mathrm{h},1}\boldsymbol{r}_{\mathrm{h},1}^{\mathrm{H}}\boldsymbol{w}}{\sigma_{\mathrm{r}}^{2}\boldsymbol{w}^{\mathrm{H}}\boldsymbol{R}_{\mathrm{rd}}\boldsymbol{w}+P_{\mathrm{j}}\boldsymbol{w}^{\mathrm{H}}\boldsymbol{r}_{\mathrm{h},2}\boldsymbol{r}_{\mathrm{h},2}^{\mathrm{H}}\boldsymbol{w}+\sigma_{\mathrm{d}}^{2}}\right) \tag{4-50}$$

$I(\boldsymbol{x}_{\mathrm{e}},s)$ 表达式为

$$\begin{aligned}I(\boldsymbol{x}_{\mathrm{e}},s)=&\frac{1}{2}\log\Big(1+P_{\mathrm{s}}\boldsymbol{h}_{\mathrm{se}}^{\mathrm{H}}\boldsymbol{h}_{\mathrm{se}}\left(\sigma_{\mathrm{e},1}^{2}+P_{\mathrm{j}}\boldsymbol{h}_{\mathrm{je}}^{\mathrm{H}}\boldsymbol{h}_{\mathrm{je}}\right)^{-1}+P_{\mathrm{s}}\boldsymbol{w}^{\mathrm{H}}\boldsymbol{H}_{\mathrm{sr}}^{\mathrm{H}}\boldsymbol{H}_{\mathrm{e}}^{\mathrm{H}}\cdot\\&\left(\sigma_{\mathrm{r}}^{2}\boldsymbol{H}_{\mathrm{e}}\boldsymbol{W}_{\mathrm{b}}\boldsymbol{W}_{\mathrm{b}}^{\mathrm{H}}\boldsymbol{H}_{\mathrm{e}}^{\mathrm{H}}+\sigma_{\mathrm{e},2}^{2}\boldsymbol{I}_{m}+P_{\mathrm{j}}\boldsymbol{H}_{\mathrm{e}}\boldsymbol{W}_{\mathrm{b}}\boldsymbol{h}_{\mathrm{jr}}\boldsymbol{h}_{\mathrm{jr}}^{\mathrm{H}}\boldsymbol{W}_{\mathrm{b}}^{\mathrm{H}}\boldsymbol{H}_{\mathrm{e}}^{\mathrm{H}}\right)^{-1}\boldsymbol{H}_{\mathrm{e}}\boldsymbol{H}_{\mathrm{sr}}\boldsymbol{w}\Big)\end{aligned} \tag{4-51}$$

同第 4.3 节一样，设计 $\boldsymbol{w}$ 使其位于 $\boldsymbol{r}_{\mathrm{h},2}^{\mathrm{H}}$ 的零空间，这样，友好的协同干扰节点发出的干扰信号经中继节点转发后不会影响合法目标节点接收信号。

当$n>m$时，在第二个传输阶段中，利用文献[14-15]使用的迫零波束成形方法将第二个传输阶段窃听节点接收的信号进行归零处理从而得到简化的保密容量，即设计中继权重 $\boldsymbol{w}$ 使其位于 $\boldsymbol{H}_{\mathrm{e}}\boldsymbol{H}_{\mathrm{sr}}$ 的零空间，即 $\boldsymbol{H}_{\mathrm{e}}\boldsymbol{H}_{\mathrm{sr}}\boldsymbol{w}=\boldsymbol{0}_{m\times1}$，这样可以完全消除信号在第二阶段泄漏。设 $\boldsymbol{w}=\boldsymbol{U}\boldsymbol{v}$，其中，$\boldsymbol{U}$ 的列构成了 $\boldsymbol{H}_{\mathrm{e}}\boldsymbol{H}_{\mathrm{sr}}$ 的零空间的一个正交基，$\boldsymbol{U}$ 是$n\times(n-m)$的矩阵，$\boldsymbol{v}$ 是$(n-m)\times1$的矢量。

4.4.2 基于信漏噪比的设计

为了克服迫零波束成形方法中所要求的$n>m$的限制，本节提出了协同干扰下基于 SLNR 的物理层安全传输方案。SLNR 是指合法目标节点接收的信号功率与泄漏到窃听节点的信号功率与噪声功率和的比值。

SLNR 表示为

$$\text{SLNR}=\frac{P_{\text{s}}\boldsymbol{w}^{\text{H}}\boldsymbol{r}_{\text{h},1}\boldsymbol{r}_{\text{h},1}^{\text{H}}\boldsymbol{w}}{P_{\text{s}}\boldsymbol{h}_{\text{se}}^{\text{H}}\boldsymbol{h}_{\text{se}}+\boldsymbol{w}^{\text{H}}\boldsymbol{H}_{\text{sr}}^{\text{H}}\boldsymbol{H}_{\text{e}}^{\text{H}}\boldsymbol{H}_{\text{e}}\boldsymbol{H}_{\text{sr}}\boldsymbol{w}+\sigma_{\text{r}}^{2}\boldsymbol{w}^{\text{H}}\boldsymbol{R}_{\text{rd}}\boldsymbol{w}+\sigma_{\text{d}}^{2}} \tag{4-52}$$

同样，设计中继权重 $\boldsymbol{w}$ 使其位于 $\boldsymbol{r}_{\text{h},2}^{\text{H}}$ 的零空间。那么，在每个中继节点功率约束下，设计中继权重以最大化 SLNR 的最优化问题表示为

$$\begin{aligned}\max_{\boldsymbol{w}}\quad & \text{SLNR}\\ \text{s.t.}\quad & [\boldsymbol{w}\boldsymbol{w}^{\text{H}}]_{i,i}[\boldsymbol{T}]_{i,i}\leqslant P_i,\forall i\\ & \boldsymbol{r}_{\text{h},2}^{\text{H}}\boldsymbol{w}=0\end{aligned} \tag{4-53}$$

式（4-53）可以转换为

$$\begin{aligned}\max_{\boldsymbol{w}}\quad & t\\ \text{s.t.}\quad & \text{SLNR}\geqslant t\\ & [\boldsymbol{w}\boldsymbol{w}^{\text{H}}]_{i,i}[\boldsymbol{T}]_{i,i}\leqslant P_i,\forall i\\ & \boldsymbol{r}_{\text{h},2}^{\text{H}}\boldsymbol{w}=0\end{aligned} \tag{4-54}$$

其中，t 为任一变量。

可以采用二分搜索算法[18]对式（4-54）进行求解，对于每个固定的 t，利用第 4.3.1 节的方法，式（4-54）可以转换为一个 SOCP 问题，并使用内点法对 SOCP 问题进行求解得到最优值。

4.5　数值仿真结果

本节通过 MATLAB 仿真对两种不同场景下的物理层安全传输方案进行了性能分析。假设所有信道系数均由独立的零均值单位方差的高斯随机变量组成；背景噪声都是相等的，即 $\sigma_{\text{r}}^2=\sigma_{\text{d}}^2=\sigma_{\text{e}}^2=0.1$，源节点的发射功率为 0.25 W；所有高斯 CSI 误差的方差设置为 0.01；每个中继节点的最大功率约束 P_i，$i=1,\cdots,n$ 是相等的；第 4.3 节中的窃听节点配置单根天线，第 4.4 节中的窃听节点配置多根天线。所有仿真结果都是对 1 000 次独立信道衰落取平均值得到的。

4.5.1 未知窃听链路 CSI 下的性能分析

本节仿真分析了第 4.3 节中未知窃听链路 CSI 情况下所提出的物理层安全传输方案。为了方便比较不同方案的性能，假设窃听链路的 CSI 是理想的，这不影响方案的设计，因为本节研究的是未知窃听链路 CSI 下的安全传输方案。

当中继数量 $n=3$ 时，不同 MSE 约束下，每次迭代得到的有用信号发射功率如图 4-2 所示。仿真结果表明，本章方案的算法 4-1 是收敛的，并且为了取得较低的 MSE 性能，中继节点需要消耗更多的功率发送有用信号。

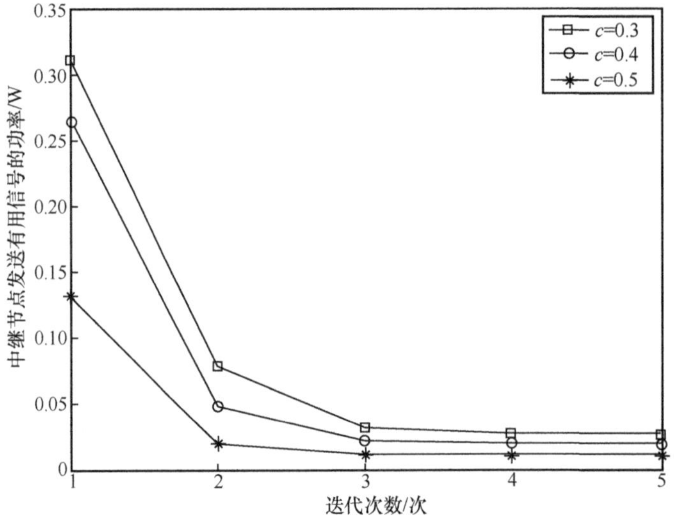

图 4-2　不同迭代次数下中继节点发送有用信号的功率

文献[13]研究了与本章相同的无线窃听信道模型，针对理想 CSI 情况利用本章中的未知窃听链路 CSI 的安全传输方法，设计了 SINR 约束下的安全传输方案，并通过求解一个 SOCP 问题进行求解。合法目标节点的 SINR 与 MMSE 的关系为 $\mathrm{SINR}=\dfrac{1}{\mathrm{MMSE}}-1$。因此，本章的第 4.3.1 节给出的合法链路理想 CSI 情况下的传输方案与文献[13]方案具有相同的性能。接下来，将第 4.3.2 节的非理想 CSI 情况下的方案与第 4.3.1 节的理想 CSI 情况下的方案进行比较。

当中继数量 $n=3$ 时，合法目标节点不同 MSE 约束下，合法目标节点及窃听节点的 MSE 性能如图 4-3 所示。在图 4-3 中，第 4.3.1 节的理想 CSI 情况下的方案记为理想方案；第 4.3.2 节的非理想 CSI 情况下的方案记为本章方案；忽略合法链路 CSI 误差，直接将估计的 CSI 当作理想的 CSI 用于理想方案中，即当出现 CSI 误差时仍采用理想方案进行系统设计，记为“对比方案”；不使用协同干扰技术，即第一个传输阶段中协同干扰节点不发送干扰信号，只在第二个传输阶段中采用分布式波束成形及人工噪声的方案记为仅使用人工噪声方案。仿真结果表明，在合法链路非理想 CSI 情况下，即使存在较小的误差，对比方案的合法目标节点的 MSE 性能也会受到较大的恶化而在考虑 CSI 误差的本章方案中，合法目标节点总是可以达到期望的 MSE 目标值。窃听节点在本章方案中取得的 MSE 性能总是优于在无 CSI 误差的理想方案中取得的 MSE 性能，这是由于非理想 CSI 造成的噪声泄漏要求中继分配额外功率给有用信号，降低了用于干扰窃听节点的人工噪声功率。图 4-3 也给出了在第一个传输阶段不采用协同干扰技术情况下窃听节点可达到的 MSE 性能，与之对比的是第一个传输阶段采用协同干扰技术的情况，从图 4-3 中可以看出，采用协同干扰使窃听节点的 MSE 性能受到了很大的恶化。窃听节点的 MSE 性能随着合法目标节点的 MSE 约束的增加而降低，这是由于随着 MSE 约束的增加，中继节点用于干扰窃听节点的人工噪声的发射功率增大了。

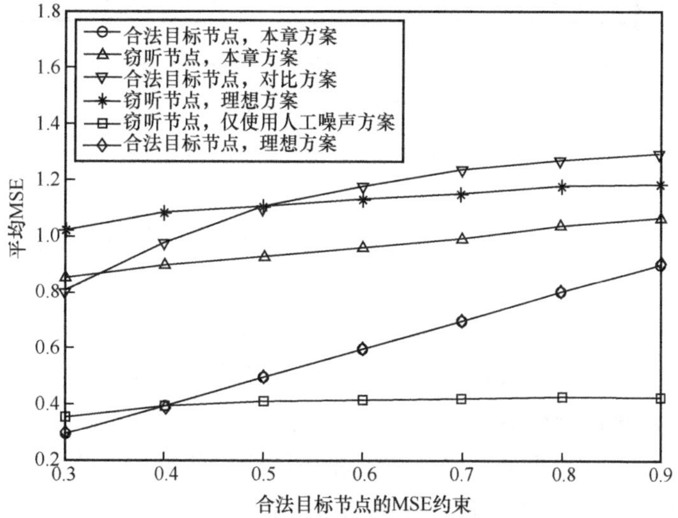

图 4-3　不同 MSE 约束下，合法目标节点和窃听节点的 MSE 性能

当中继数量 $n=3$ 时，不同中继节点功率约束下合法目标节点和窃听节点的 MSE 性能如图 4-4 所示。仿真结果表明，随着中继节点功率约束的增加，仅使用人

工噪声方案的窃听节点 MSE 达到一个常数，这是由于不管中继功率多大，窃听节点始终能够不受干扰地接收到第一个传输阶段的信号。窃听节点的 MSE 性能在协同干扰与人工噪声同时使用的方案中受到很大的恶化。中继节点功率的增加恶化了窃听节点的 MSE 的性能，这是因为中继节点功率的增加导致用于干扰窃听节点的人工噪声功率增加。

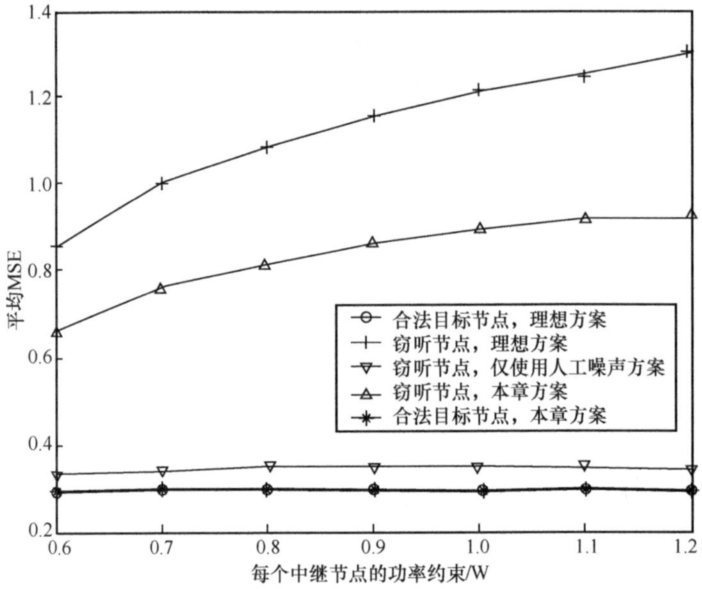

图 4-4　不同中继节点功率约束下的 MSE 性能

当中继数量 n=3 和 n=5 时，不同中继节点功率约束下的保密速率如图 4-5 所示。非理想 CSI 情况下本章取得了非零的保密速率。正如期望的，理想 CSI 改善了系统保密速率。在对比方案中，保密速率退化为零，这是由于窃听节点的 MSE 性能优于合法目标节点的 MSE 性能。从图 4-5 中还可以看到，保密速率会随着中继数量增加而增加，这是由于更多的中继节点提供了更大的功率增益。

假设源节点、中继节点、窃听节点和合法目标节点依次位于一条水平线上，固定源节点和窃听节点的位置，朝着窃听节点的方向移动中继节点，当中继数量 $n=3$ 时，源节点到中继节点不同距离下的保密速率如图 4-6 所示。为了研究距离对保密速率的影响，任意两个节点之间的信道被建模为一个只有路径损失和随机相位的视距信道。从图 4-6 中可以看到，随着中继节点朝向窃听节点移动，保密速率在增加，这是因为中继节点与窃听节点之间距离的减小会导致对窃听节点的干扰增大。也正如看到的，非理想 CSI 情况下的鲁棒性方案弥补了一定的性能损失。

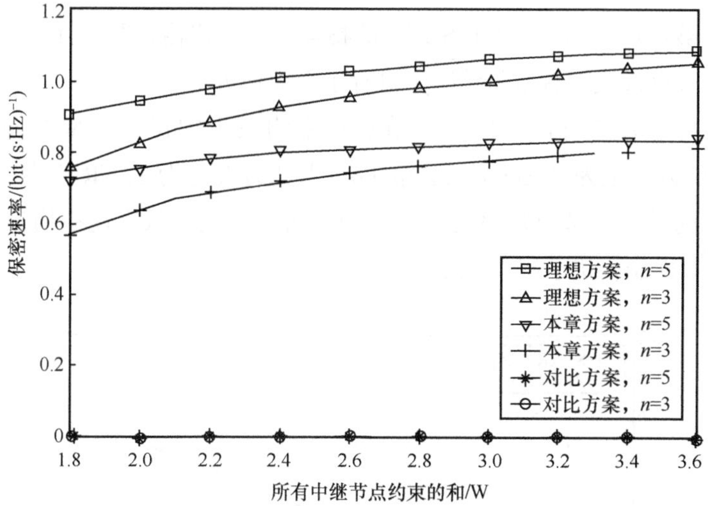

图 4-5　不同中继节点功率约束下的保密速率

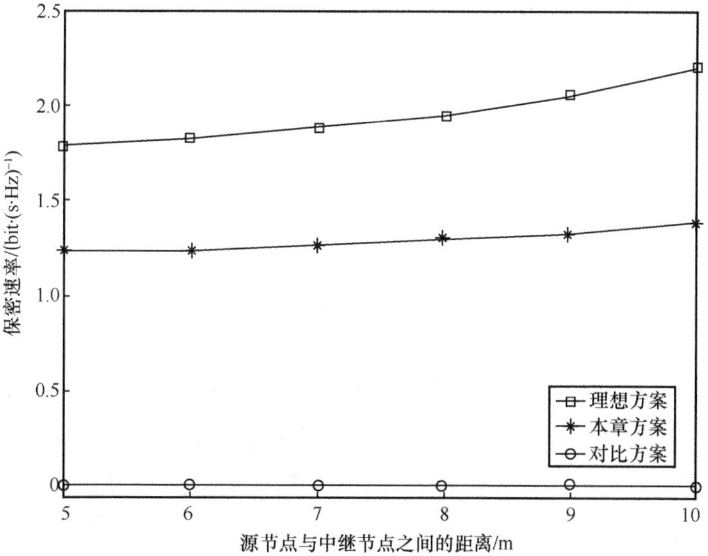

图 4-6　源节点与中继节点不同距离下的保密速率

4.5.2 已知窃听链路 CSI 下的性能分析

本节对第 4.4 节提出的基于 SLNR 的物理层安全传输方案进行了仿真分析，在不同的窃听节点天线配置数量情况下进行了性能研究。

当$n=4$，$m=3$时，不同中继节点功率约束下的保密速率如图 4-7 所示。第 4.4.1 节的方案记为 ZFBF 方案，第 4.4.2 节的方案记为 SLNR 方案。从图 4-7 中可以看到，随着中继节点功率约束的增加，两种方案的保密速率均在提高。基于 SLNR 的方案性能要优于基于 ZFBF 方案。

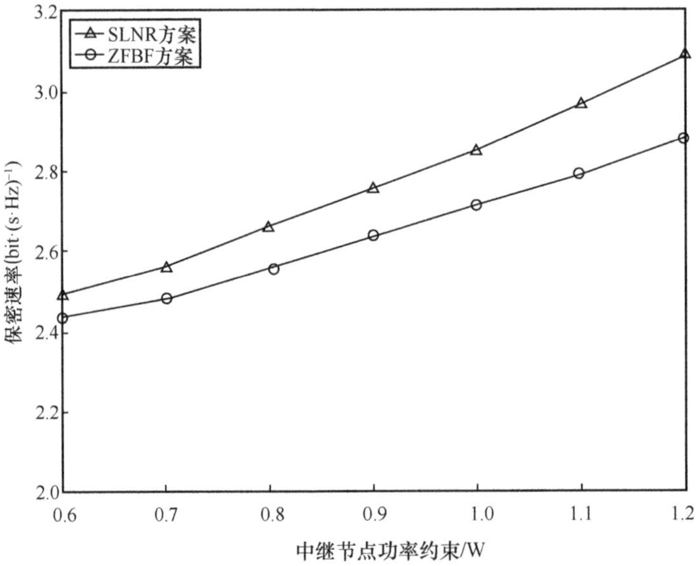

图 4-7　不同中继节点功率约束下的保密速率（n=4，m=3）

当$n=4$，$m=4$时，不同中继节点功率约束下的保密速率如图 4-8 所示。尽管$n=4$，$m=4$时，第二个传输阶段的窃听信道不存在零空间，但是为了进行性能比较，仍然在假设窃听节点窃听到的第二个传输阶段的信息为零的情况下求解了保密速率，该方案记为 ZFBF-naive 方案。从图 4-8 中可以看到，随着中继节点功率约束的增加，两种方案的保密速率趋近于一个常数，这是由于当窃听节点的天线数量大于或等于中继节点个数时，在第二阶段传输过程中，中继节点的波束成形权重无法对发送到窃听节点的信号归零，发生了信号泄漏。

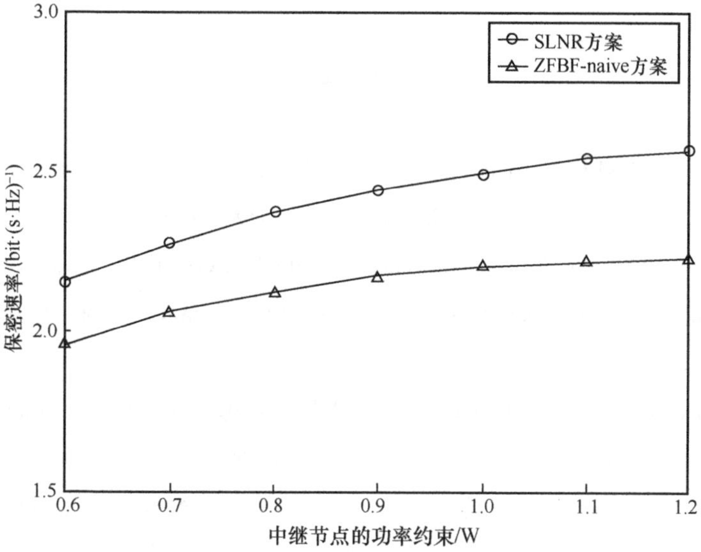

图 4-8　不同中继节点功率约束下的保密速率($n=4, m=4$)

4.6　本章小结

本章构建了源节点和中继节点的电磁信号都覆盖窃听节点情况下的单源、多中继、单合法目标节点的无线中继窃听信道模型。根据是否已知窃听链路的 CSI，提出了协同干扰下两种不同的分布式波束成形方法和优化方案。当未知窃听链路的 CSI 时，针对源节点到所有中继节点的 CSI 以及中继节点到合法目标节点的 CSI 都存在误差的情况，建立了 CSI 误差模型，提出了鲁棒性的分布式波束成形方案，并设计了基于双层优化框架的求解算法。当已知窃听链路的 CSI 时，针对窃听节点配置多根天线的情况，提出了基于 SLNR 的物理层安全传输方案。仿真分析了两种不同情况下本章方案的性能表现，对于未知窃听链路 CSI 的情况，本章鲁棒性安全传输方案能够有效减少信号泄漏，在保证合法目标节点接收性能的同时，恶化了窃听节点的接收性能，实现了信息的安全可靠传输；对于已知窃听链路 CSI 的情况，与基于 ZFBF 的安全传输方案进行比较，结果表明，基于 SLNR 的物理层安全传输方案提升了系统的安全性能，保障了信息的安全传输。

参考文献

[1] TEKIN E, YENER A. Achievable rates for the general Gaussian multiple access wiretap channel with collective secrecy[J]. arXiv Preprint, arXiv: cs/0612084, 2006.

[2] TEKIN E, YENER A. The general Gaussian multiple-access and two-way wiretap channels: achievable rates and cooperative jamming[J]. IEEE Transactions on Information Theory, 2008, 54(6): 2735-2751.

[3] DONG L, HAN Z, PETROPULU A P, et al. Improving wireless physical layer security via cooperating relays[J]. IEEE Transactions on Signal Processing, 2010, 58(3): 1875-1888.

[4] ZHANG R, LIANG Y C, CHAI C C, et al. Optimal beamforming for two-way multi-antenna relay channel with analogue network coding[J]. IEEE Journal on Selected Areas in Communications, 2009, 27(5): 699-712.

[5] LIANG Y B, POOR H V, SHAMAI S. Secure communication over fading channels[J]. IEEE Transactions on Information Theory, 2008, 54(6): 2470-2492.

[6] YANG J, KIM I M, KIM D I. Optimal cooperative jamming for multiuser broadcast channel with multiple eavesdroppers[J]. IEEE Transactions on Wireless Communications, 2013, 12(6): 2840-2852.

[7] PEI M Y, WEI J B, WONG K K, et al. Masked beamforming for multiuser MIMO wiretap channels with imperfect CSI[J]. IEEE Transactions on Wireless Communications, 2012, 11(2): 544-549.

[8] REBOREDO H, ARA M, RODRIGUES M R D, et al. Filter design with secrecy constraints: the degraded multiple-input multiple-output Gaussian wiretap channel[C]//Proceedings of 2011 IEEE 73rd Vehicular Technology Conference (VTC Spring). Piscataway: IEEE Press, 2011: 1-5.

[9] XU P, DING Z G, DAI X C, et al. A general framework of wiretap channel with helping interference and state information[J]. IEEE Transactions on Information Forensics and Security, 2014, 9(2): 182-195.

[10] SWINDLEHURST A L. Fixed SINR solutions for the MIMO wiretap channel[C]//Proceedings of 2009 IEEE International Conference on Acoustics, Speech and

Signal Processing. Piscataway: IEEE Press, 2009: 2437-2440.

[11] MUKHERJEE A, SWINDLEHURST A L. Robust beamforming for security in MIMO wiretap channels with imperfect CSI[J]. IEEE Transactions on Signal Processing, 2011, 59(1): 351-361.

[12] WANG K, WANG X Y, ZHANG X D. SLNR-based transmit beamforming for MIMO wiretap channel[J]. Wireless Personal Communications, 2013, 71(1): 109-121.

[13] WANG H M, LUO M, XIA X G, et al. Joint cooperative beamforming and jamming to secure AF relay systems with individual power constraint and no eavesdropper's CSI[J]. IEEE Signal Processing Letters, 2013, 20(1): 39-42.

[14] WANG H M, LUO M, YIN Q Y, et al. Hybrid cooperative beamforming and jamming for physical-layer security of two-way relay networks[J]. IEEE Transactions on Information Forensics and Security, 2013, 8(12): 2007-2020.

[15] CHEN X M, ZHONG C J, YUEN C, et al. Multi-antenna relay aided wireless physical layer security[J]. IEEE Communications Magazine, 2015, 53(12): 40-46.

[16] LIU Y P, LI J Y, PETROPULU A P. Destination assisted cooperative jamming for wireless physical-layer security[J]. IEEE Transactions on Information Forensics and Security, 2013, 8(4): 682-694.

[17] NIESEN U, SHAH D, WORNELL G W. Adaptive alternating minimization algorithms[J]. IEEE Transactions on Information Theory, 2009, 55(3): 1423-1429.

[18] BOYD S, VANDENBERGHE L. Convex optimization[M]. Cambridge: Cambridge University Press, 2004.

[19] QUEK T Q S, SHIN H, WIN M Z. Robust wireless relay networks: slow power allocation with guaranteed QoS[J]. IEEE Journal of Selected Topics in Signal Processing, 2007, 1(4): 700-713.

[20] AMIN O, IKKI S S, UYSAL M. On the performance analysis of multirelay cooperative diversity systems with channel estimation errors[J]. IEEE Transactions on Vehicular Technology, 2011, 60(5): 2050-2059.

第 5 章 多用户点对点无线协同中继系统中单对保密用户的鲁棒性物理层安全技术

5.1 引言

充分利用无线物理层资源提高通信效率，通过中继节点之间相互协作提升系统的安全传输性能越来越受人们的关注。近几年的研究主要以信息论安全为基础设计实际的安全传输方案。文献[1]研究了单源、单中继、单合法目标节点无线协同中继系统中的物理层安全技术。文献[2]研究了单源、多中继、单合法目标节点无线协同中继系统中基于不同转发协议的物理层安全技术。以上文献都集中于研究单源和单合法目标节点场景中的物理层安全传输技术，但是随着无线通信技术的发展，多源和多合法目标节点通过多个中继进行通信的场景也已经普遍存在。

多用户点对点（Multiuser Peer-to-Peer，MUP2P）无线中继通信可以显著提高系统的频谱效率，引起了广泛关注[3]。在多用户点对点无线协同中继系统中，多用户通过多个中继在两个时隙内进行通信，首先所有源节点向中继节点发送信号，然后中继节点把处理后的信号发送给对应的合法目标节点，合法目标节点获得对应源节点的信息。文献[3]首先研究了多用户点对点无线协同中继系统，并通过仿真实验表明该通信方式能够显著提高系统的频谱效率。文献[4]针对不同的信道状态信息（CSI）条件研究了多用户点对点无线协同中继系统中每个用户服务质量（QoS）约束下的功率最小化问题。由于无线信道的开放性，增强多用户点对点无线协同中继系统的物理层安全性能迫在眉睫。另外，对于多用户的通信场景，用户间的干扰互补也会对系统的安全传输性能产生积极的影响[5]，因此，研究多用户点对点中继通信系统的物理层安全传输技术是一个有趣的课题。

2015 年，文献[6]对多用户点对点无线协同中继系统中的物理层安全技术进行了研究。文献[6]假设只有一对用户的信息需要进行保密传输，针对理想 CSI 的情况，提出了每个用户 QoS 约束条件下保密速率最大化的安全传输方案。然而，在实际通信中，CSI 的估计通常是非理想的，文献[7]使用一个球形误差模型刻画了 CSI 误差。文献[8]利用文献[7]提出的球形误差模型研究了无线多中继系统中的 SINR 最大化问题。非理想 CSI 也会对多用户点对点无线协同中继系统的安全性能产生影响，本章针对这个问题进行了研究。

本章在构建多用户点对点无线中继窃听信道模型的过程中，假设仅有一个源节点向其对应的合法目标节点发送保密信息，其他源节点发送的信息不需要进行保密传输，所有节点均配置单根天线，中继节点采用放大转发（AF）协议。针对所有中继节点到所有合法目标节点以及窃听节点的非理想 CSI 情况，本章提出了多用户点对点无线协同中继系统中的鲁棒性安全传输方案。采用球形误差模型刻画了 CSI 误差，在给定的球形误差邻域内最大化系统的保密速率，同时每个合法目标节点的最低接收 SINR 和所有中继节点总功率满足一定的约束。该方案在数学上是非凸的，为了能得到一个有效解，本章提出将问题进行离散化，每个离散化的问题都可以通过凸优化理论进行求解，通过多次迭代最终得到该方案的有效解；设计了求解算法，并进一步证明了算法的收敛性，分析了算法的复杂度。

5.2 系统模型和基本假设

考虑如图 5-1 所示的多用户点对点单对保密用户无线中继窃听信道模型，其由 N 个源节点 $\{S_1,\cdots,S_N\}$ 、L 个中继节点 $\{R_1,\cdots,R_L\}$ 、N 个合法目标节点 $\{D_1,\cdots,D_N\}$ 和一个窃听节点 E 组成。假设所有节点都配置单根天线，均采用半双工模式，中继节点数 $L>1$，源节点数和目标节点数 $N>1$。假设源节点 S_{n^*} 是保密用户，需要将保密信息发送给对应的合法目标节点 D_{n^*}。除了源节点 S_{n^*} 发送的信息需要保密外，其他源节点发送的信息都是非保密的。假设由于距离太远，所有源节点到所有合法目标节点和窃听节点之间没有直接的通信链路，即所有合法目标节点和窃听节点不在所有源节点的信号覆盖范围内。所有源节点的信息需要经过两个阶段的传输发送给对应的合法目标节点。

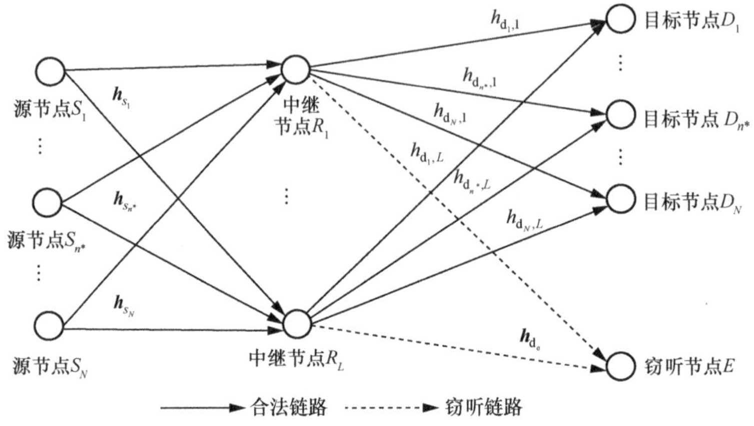

图 5-1　多用户点对点单对保密用户无线中继窃听信道模型

使用$\boldsymbol{H}_{\rm sr}=(\boldsymbol{h}_{s_1},\cdots,\boldsymbol{h}_{s_N})\in\mathcal{C}^{L\times N}$表示从源节点到所有中继节点的信道增益，其中，$\boldsymbol{h}_{s_i}$为第$i$个源节点到所有中继节点的信道增益；$\boldsymbol{h}_{\rm d_n}=(h_{{\rm d}_n,1},\cdots,h_{{\rm d}_n,L})^{\rm T}\in\mathcal{C}^{L\times 1}$为从所有中继节点到第$n$个合法目标节点的信道增益；$\boldsymbol{h}_{\rm d_e}=(h_{{\rm d_e},1},\cdots,h_{{\rm d_e},L})^{\rm T}\in\mathcal{C}^{L\times 1}$为从所有中继节点到窃听节点的信道增益。假设所有信道增益中的每个元素为独立同分布的复高斯随机变量。

在第一个传输阶段，N个源节点向中继节点发送信号，则中继节点的接收信号$\boldsymbol{x}_{\rm r}=(x_{{\rm r},1},\cdots,x_{{\rm r},L})^{\rm T}$表示为

$$\boldsymbol{x}_{\rm r}=\sum_{i=1}^{N}\boldsymbol{h}_{s_i}\sqrt{P_i}s_i+\boldsymbol{n}_{\rm r} \tag{5-1}$$

其中，s_i为第i个源节点发送的秘密符号，仅s_{n*}为保密符号，$\boldsymbol{s}=(s_1,\cdots,s_N)^{\rm T}$，归一化为$\mathbb{E}(\boldsymbol{s}\boldsymbol{s}^{\rm H})=\boldsymbol{I}_N$，$P_i$为第$i$个源节点的发射功率，$\boldsymbol{n}_{\rm r}\in\mathcal{C}^{L\times 1}$为协方差矩阵为$\sigma_{\rm r}^2\boldsymbol{I}_L$的零均值高斯白噪声矢量，$\boldsymbol{I}_L$为$L\times L$维的单位矩阵。

在第二个传输阶段，所有中继节点将从源节点接收到的信号放大转发给合法目标节点。第n个合法目标节点接收到的信号y_n表示为

$$y_n=\boldsymbol{h}_{{\rm d}_n}^{\rm T}\boldsymbol{W}_{\rm b}\boldsymbol{h}_{s_n}\sqrt{P_n}s_n+\sum_{i\neq n}^{N}\boldsymbol{h}_{{\rm d}_n}^{\rm T}\boldsymbol{W}_{\rm b}\boldsymbol{h}_{s_i}\sqrt{P_i}s_i+\boldsymbol{h}_{{\rm d}_n}^{\rm T}\boldsymbol{W}_{\rm b}\boldsymbol{n}_{\rm r}+n_{{\rm d}_n} \tag{5-2}$$

其中，$\boldsymbol{W}_{\rm b}={\rm diag}\left(w_1^*,\cdots,w_L^*\right)$为波束成形矩阵，$w_l$为第$l$个中继节点的波束成形权重，

$n_{d_n} \in \mathcal{C}$ 为方差为 σ_d^2 的零均值高斯白噪声。假设所有合法目标节点都采用单用户检测，那么，在每个合法目标节点处的共道干扰 $\sum_{i \neq n}^{N} \boldsymbol{h}_{d_n}^{T} \boldsymbol{W}_b \boldsymbol{h}_{s_i} \sqrt{P_i} s_i$ 可以被看作噪声。

窃听节点试图截获第 n^* 对用户的信息，则其接收到的信号 y_e 可以表示为

$$y_e = \boldsymbol{h}_{d_e}^{T} \boldsymbol{W}_b \boldsymbol{h}_{s_{n^*}} \sqrt{P_{n^*}} s_{n^*} + \sum_{i \neq n^*}^{N} \boldsymbol{h}_{d_e}^{T} \boldsymbol{W}_b \boldsymbol{h}_{s_i} \sqrt{P_i} s_i + \boldsymbol{h}_{d_e}^{T} \boldsymbol{W}_b \boldsymbol{n}_r + n_e \tag{5-3}$$

其中，$n_e \in \mathcal{C}$ 为方差为 σ_e^2 的零均值高斯白噪声。

中继节点发送的信号 $\boldsymbol{W}_b \boldsymbol{x}_r$ 应该满足如下总功率约束

$$\boldsymbol{w}^{H} \left(\boldsymbol{R}_s + \sigma_r^2 \boldsymbol{I}_L \right) \boldsymbol{w} \leqslant P_{tot} \tag{5-4}$$

其中，$\boldsymbol{R}_s = \text{diag}\left(\sum_{i=1}^{N} P_i \left| h_{s_i,1} \right|^2, \cdots, \sum_{i=1}^{N} P_i \left| h_{s_i,L} \right|^2 \right)$，$\boldsymbol{w} = (w_1, \cdots, w_L)^{T}$，$P_{tot}$ 表示总功率约束值。

利用式（5-2），第 n 个合法目标节点的接收 SINR 可以表示为

$$\Gamma_n = \frac{P_n \boldsymbol{w}^{H} \boldsymbol{r}_{n,n} \boldsymbol{r}_{n,n}^{H} \boldsymbol{w}}{\sigma_d^2 + \sigma_r^2 \boldsymbol{w}^{H} \boldsymbol{R}_{d_n} \boldsymbol{w} + \sum_{i \neq n}^{N} P_i \boldsymbol{w}^{H} \boldsymbol{r}_{n,i} \boldsymbol{r}_{n,i}^{H} \boldsymbol{w}} \tag{5-5}$$

其中，$\boldsymbol{r}_{n,i} = \boldsymbol{h}_{d_n} \odot \boldsymbol{h}_{s_i}$，$\odot$ 表示 Hadamard 乘积，$\boldsymbol{R}_{d_n} = \text{diag}\left(\left| h_{d_n,1} \right|^2, \cdots, \left| h_{d_n,L} \right|^2 \right)$。

根据式（5-3），窃听节点试图得到有关 s_{n*} 的信息，则它的接收 SINR 可以表示为

$$\Gamma_{e,n^*} = \frac{P_{n^*} \boldsymbol{w}^{H} \boldsymbol{r}_{e,n^*} \boldsymbol{r}_{e,n^*}^{H} \boldsymbol{w}}{\sigma_e^2 + \sigma_r^2 \boldsymbol{w}^{H} \boldsymbol{R}_{d_e} \boldsymbol{w} + \sum_{i \neq n^*}^{N} P_i \boldsymbol{w}^{H} \boldsymbol{r}_{e,i} \boldsymbol{r}_{e,i}^{H} \boldsymbol{w}} \tag{5-6}$$

其中，$\boldsymbol{r}_{e,i} = \boldsymbol{h}_{d_e} \odot \boldsymbol{h}_{s_i}$，$\boldsymbol{R}_{d_e} = \text{diag}\left(\left| h_{d_e,1} \right|^2, \cdots, \left| h_{d_e,L} \right|^2 \right)$。

5.3 保密容量分析

本节分析了第 5.2 节所提出的系统模型的保密容量，并给出了理想 CSI 情况下的物理层安全方案。

从式（5-2）和式（5-3）可以看出，对于每个合法目标节点来说，其信道模型等价于单输入单输出模型，那么，第 n^* 对保密用户的保密容量可以表示为

$$C_{n^*}=\frac{1}{2}\max\left(0,\mathrm{lb}(1+\Gamma_{n^*})-\mathrm{lb}(1+\Gamma_{\mathrm{e},n^*})\right) \tag{5-7}$$

这里假设窃听节点的信道状态信息是可用的，在物理层安全技术的研究中，这个假设是普遍存在的，如文献[9-10]。窃听链路 CSI 已知的假设在某些场景下也是合理的，如付费电视广播服务，其中，窃听节点也是系统的用户，只是没有权限接收当前的付费服务。在文献[11]中，研究人员初步探讨了利用振荡器泄漏的功率估计被动窃听节点 CSI 的方法。

本章集中于研究保密用户 S_{n^*} 的保密速率最大化问题，同时，要求每个合法目标节点的 QoS 以及中继节点的总功率满足一定的约束。在理想 CSI 情况下，定义以下 QoS 约束条件

$$\Gamma_n \geqslant \gamma_n, n=1,\cdots,N \tag{5-8}$$

其中，γ_n 为第 n 个合法目标节点的接收 SINR 阈值。

在理想 CSI 情况下，S_{n^*} 的保密速率最大化问题可以表示为

$$\begin{aligned}\max_{\boldsymbol{w}}\quad & C_{n^*}\\ \text{s.t.}\quad & \Gamma_n \geqslant \gamma_n, \forall n\\ & \boldsymbol{w}^{\mathrm{H}}\boldsymbol{R}_{\mathrm{s}}\boldsymbol{w}+\boldsymbol{w}^{\mathrm{H}}\boldsymbol{w}\sigma_{\mathrm{r}}^2 \leqslant P_{\mathrm{tot}}\end{aligned} \tag{5-9}$$

式（5-9）中的目标函数以及第一个约束条件是非凸的，因此，式（5-9）的求解非常困难。文献[6]提出了一种有效的迭代算法，可以获得式（5-9）的解。考虑到实际通信中 CSI 估计会出现误差，从而对系统的安全性能造成影响，因此，第 5.4 节研究了非理想 CSI 情况下的安全传输方案。

5.4 非理想 CSI 情况下的安全传输方案

本节研究所有中继节点到所有合法目标节点以及窃听节点非理想 CSI 情况下 S_{n^*} 的保密速率最大化问题，首先建立 CSI 误差模型，然后设计鲁棒性安全传

输方案，最后提出该方案的求解算法，并进一步证明了算法的收敛性，分析算法的复杂度。

5.4.1 CSI 误差模型及问题形式

当源节点到中继节点的信干噪比非常高时，源节点对该链路的 CSI 估计能够接近理想。但是，不管中继节点到合法目标节点的信干噪比有多高，源节点对该链路的 CSI 估计都是有误差的，因为 CSI 必须在中继节点估计之后再回馈给源节点。对所有中继节点到所有合法目标节点以及窃听节点的 CSI 误差建立如下误差模型[8,12]

$$\begin{aligned}&\boldsymbol{h}_{\mathrm{d}_n}=\hat{\boldsymbol{h}}_{\mathrm{d}_n}+\Delta\boldsymbol{h}_{\mathrm{d}_n},n=1,\cdots,N\\&\boldsymbol{h}_{\mathrm{d}_\mathrm{e}}=\hat{\boldsymbol{h}}_{\mathrm{d}_\mathrm{e}}+\Delta\boldsymbol{h}_{\mathrm{d}_\mathrm{e}}\end{aligned}\tag{5-10}$$

其中，$\boldsymbol{h}_{\mathrm{d}_n}$ 和 $\boldsymbol{h}_{\mathrm{d}_\mathrm{e}}$ 表示实际通信中真实的信道增益，$\hat{\boldsymbol{h}}_{\mathrm{d}_n}=(\hat{h}_{\mathrm{d}_n,1},\cdots,\hat{h}_{\mathrm{d}_n,L})^{\mathrm{T}}\in\mathcal{C}^{L\times1}$ 和 $\hat{\boldsymbol{h}}_{\mathrm{d}_\mathrm{e}}=(\hat{h}_{\mathrm{d}_\mathrm{e},1},\cdots,\hat{h}_{\mathrm{d}_\mathrm{e},L})^{\mathrm{T}}\in\mathcal{C}^{L\times1}$ 表示估计的信道增益，$\Delta\boldsymbol{h}_{\mathrm{d}_n}=(\Delta h_{\mathrm{d}_n,1},\cdots,\Delta h_{\mathrm{d}_n,L})^{\mathrm{T}}\in\mathcal{C}^{L\times1}$ 和 $\Delta\boldsymbol{h}_{\mathrm{d}_\mathrm{e}}=(\Delta h_{\mathrm{d}_\mathrm{e},1},\cdots,\Delta h_{\mathrm{d}_\mathrm{e},L})^{\mathrm{T}}\in\mathcal{C}^{L\times1}$ 表示误差。将 $\Delta\boldsymbol{h}_{\mathrm{d}_n}$ 和 $\Delta\boldsymbol{h}_{\mathrm{d}_\mathrm{e}}$ 限制在一个球形邻域内，表示为

$$\begin{aligned}&S_n=\left\{\Delta\boldsymbol{h}_{\mathrm{d}_n}\in\mathcal{C}^{L\times1}:\left\|\Delta\boldsymbol{h}_{\mathrm{d}_n}\right\|^2\leqslant N\rho_n^2,\rho_n>0\right\},\forall n\\&S_\mathrm{e}=\left\{\Delta\boldsymbol{h}_{\mathrm{d}_\mathrm{e}}\in\mathcal{C}^{L\times1}:\left\|\Delta\boldsymbol{h}_{\mathrm{d}_\mathrm{e}}\right\|^2\leqslant N\rho_\mathrm{e}^2,\rho_\mathrm{e}>0\right\}\end{aligned}\tag{5-11}$$

考虑 CSI 误差，S_{n^*} 的保密速率的最大化问题表示为

$$\max_{\boldsymbol{w}}\min_{\Delta\boldsymbol{h}_{\mathrm{d}_{n^*}}\in S_{n^*},\Delta\boldsymbol{h}_{\mathrm{d}_\mathrm{e}}\in S_\mathrm{e}} C_{n^*}\tag{5-12}$$

式（5-12）表示最差性能最优，这是一个最大最小问题。

定义以下非理想 CSI 情况下的 QoS 约束条件

$$\min_{\Delta\boldsymbol{h}_{\mathrm{d}_n}\in S_n}\varGamma_n\geqslant\gamma_n,\forall n\tag{5-13}$$

式（5-13）保证了最差接收条件下合法目标节点的可靠通信，被称为合法目标

节点的最低接收 SINR 约束或者最差接收 SINR 约束。

综合式（5-12）和式（5-13），得到在非理想 CSI 情况下鲁棒性安全传输方案的最优化问题

$$\begin{aligned} \max_{\boldsymbol{w}} \min_{\Delta\boldsymbol{h}_{\mathrm{d}_{n^*}} \in S_{n^*}, \Delta\boldsymbol{h}_{\mathrm{d_e}} \in S_{\mathrm{e}}} \quad & C_{n^*} \\ \text{s.t.} \quad & \min_{\Delta\boldsymbol{h}_{\mathrm{d}_n} \in S_n} \Gamma_n \geqslant \gamma_n, \forall n \\ & \boldsymbol{w}^{\mathrm{H}}\boldsymbol{R}_{\mathrm{s}}\boldsymbol{w} + \boldsymbol{w}^{\mathrm{H}}\boldsymbol{w}\sigma_{\mathrm{r}}^2 \leqslant P_{\mathrm{tot}} \end{aligned} \tag{5-14}$$

明显地，式(5-14)中的目标函数及第一个约束条件都是非凸的，因此，式(5-14)的求解非常困难。接下来，设计一个有效的算法来求解式（5-14）。对式（5-14）进行离散化，每个离散化的问题都可以利用半定松弛（Semi-definite Relaxation，SDR）技术和二分搜索算法进行求解，通过不断迭代，最终得到式（5-14）的一个有效解。

5.4.2 鲁棒性算法设计

本节设计式（5-14）所示的有效算法。根据文献[2]，式（5-14）等价于以下最优化问题。

$$\begin{aligned} \max_{\boldsymbol{w}} \min_{\Delta\boldsymbol{h}_{\mathrm{d}_{n^*}} \in S_{n^*}, \Delta\boldsymbol{h}_{\mathrm{d_e}} \in S_{\mathrm{e}}} \quad & C_{n^*} \\ \text{s.t.} \quad & \min_{\Delta\boldsymbol{h}_{\mathrm{d}_n} \in S_n} \Gamma_n \geqslant \gamma_n, \forall n \\ & \boldsymbol{w}^{\mathrm{H}}\boldsymbol{R}_{\mathrm{s}}\boldsymbol{w} + \boldsymbol{w}^{\mathrm{H}}\boldsymbol{w}\sigma_{\mathrm{r}}^2 = P_{\mathrm{tot}} \end{aligned} \tag{5-15}$$

式（5-15）和式（5-14）的等价性在文献[2]中已经证明。

将式（5-5）、式（5-6）以及式（5-15）中的第二个等式约束代入式（5-15）中的目标函数，可以将式（5-15）转换为以下最优化问题。

$$\begin{aligned} \max_{\boldsymbol{w}} \min_{\Delta\boldsymbol{h}_{\mathrm{d}_{n^*}} \in S_{n^*}, \Delta\boldsymbol{h}_{\mathrm{d_e}} \in S_{\mathrm{e}}} \quad & \frac{\boldsymbol{w}^{\mathrm{H}}\boldsymbol{U}\boldsymbol{w}}{\boldsymbol{w}^{\mathrm{H}}\boldsymbol{V}\boldsymbol{w}} \frac{\boldsymbol{w}^{\mathrm{H}}\boldsymbol{R}_1\boldsymbol{w}}{\boldsymbol{w}^{\mathrm{H}}\boldsymbol{R}_2\boldsymbol{w}} \\ \text{s.t.} \quad & \min_{\Delta\boldsymbol{h}_{\mathrm{d}_n} \in S_n} \Gamma_n \geqslant \gamma_n, \forall n \\ & \boldsymbol{w}^{\mathrm{H}}\boldsymbol{R}_{\mathrm{s}}\boldsymbol{w} + \boldsymbol{w}^{\mathrm{H}}\boldsymbol{w}\sigma_{\mathrm{r}}^2 = P_{\mathrm{tot}} \end{aligned} \tag{5-16}$$

其中，$\boldsymbol{U}=\frac{\sigma_{\mathrm{e}}^{2}}{P_{\mathrm{tot}}}\left(\boldsymbol{R}_{\mathrm{s}}+\sigma_{\mathrm{r}}^{2}\boldsymbol{I}_{L}\right)+\sigma_{\mathrm{r}}^{2}\boldsymbol{R}_{\mathrm{d}_{\mathrm{e}}}+\sum_{i\neq n^{*}}^{N}P_{i}\boldsymbol{r}_{\mathrm{e},i}\boldsymbol{r}_{\mathrm{e},i}^{\mathrm{H}}$，$\boldsymbol{V}=\frac{\sigma_{\mathrm{d}}^{2}}{P_{\mathrm{tot}}}\left(\boldsymbol{R}_{\mathrm{s}}+\sigma_{\mathrm{r}}^{2}\boldsymbol{I}_{L}\right)+\sigma_{\mathrm{r}}^{2}\boldsymbol{R}_{\mathrm{d}_{n}}+\sum_{i\neq n^{*}}^{N}P_{i}\boldsymbol{r}_{n^{*},i}\boldsymbol{r}_{n^{*},i}^{\mathrm{H}}$，$\boldsymbol{R}_{1}=P_{n^{*}}\boldsymbol{r}_{n^{*},n^{*}}\boldsymbol{r}_{n^{*},n^{*}}^{\mathrm{H}}+\frac{\sigma_{\mathrm{d}}^{2}}{P_{\mathrm{tot}}}\left(\boldsymbol{R}_{\mathrm{s}}+\sigma_{\mathrm{r}}^{2}\boldsymbol{I}_{L}\right)+\sigma_{\mathrm{r}}^{2}\boldsymbol{R}_{\mathrm{d}_{n^{*}}}+\sum_{i\neq n^{*}}^{N}P_{i}\boldsymbol{r}_{n^{*},i}\boldsymbol{r}_{n^{*},i}^{\mathrm{H}}$，$\boldsymbol{R}_{2}=P_{n^{*}}\boldsymbol{r}_{\mathrm{e},n^{*}}\boldsymbol{r}_{\mathrm{e},n^{*}}^{\mathrm{H}}+\frac{\sigma_{\mathrm{e}}^{2}}{P_{\mathrm{tot}}}\left(\boldsymbol{R}_{\mathrm{s}}+\sigma_{\mathrm{r}}^{2}\boldsymbol{I}_{L}\right)+\sigma_{\mathrm{r}}^{2}\boldsymbol{R}_{\mathrm{d}_{\mathrm{e}}}+\sum_{i\neq n^{*}}^{N}P_{i}\boldsymbol{r}_{\mathrm{e},i}\boldsymbol{r}_{\mathrm{e},i}^{\mathrm{H}}$。

为了便于求解式（5-16），定义ξ为

$$\xi=\min_{\Delta\boldsymbol{h}_{\mathrm{d}_{n^{*}}}\in S_{n^{*}},\Delta\boldsymbol{h}_{\mathrm{d}_{\mathrm{e}}}\in S_{\mathrm{e}}}\frac{\boldsymbol{w}^{\mathrm{H}}\boldsymbol{U}\boldsymbol{w}}{\boldsymbol{w}^{\mathrm{H}}\boldsymbol{V}\boldsymbol{w}}\frac{\boldsymbol{w}^{\mathrm{H}}\boldsymbol{R}_{1}\boldsymbol{w}}{\boldsymbol{w}^{\mathrm{H}}\boldsymbol{R}_{2}\boldsymbol{w}} \tag{5-17}$$

那么，式（5-16）与以下最优化问题是等价的

$$\begin{aligned}\max_{\boldsymbol{w}}\quad &\xi\\ \text{s.t.}\quad &\frac{\boldsymbol{w}^{\mathrm{H}}\boldsymbol{U}\boldsymbol{w}}{\boldsymbol{w}^{\mathrm{H}}\boldsymbol{V}\boldsymbol{w}}\frac{\boldsymbol{w}^{\mathrm{H}}\boldsymbol{R}_{1}\boldsymbol{w}}{\boldsymbol{w}^{\mathrm{H}}\boldsymbol{R}_{2}\boldsymbol{w}}\geqslant\xi,\forall\Delta\boldsymbol{h}_{\mathrm{d}_{n^{*}}}\in S_{n^{*}},\forall\Delta\boldsymbol{h}_{\mathrm{d}_{\mathrm{e}}}\in S_{\mathrm{e}}\\ &\min_{\Delta\boldsymbol{h}_{\mathrm{d}_{n}}\in S_{n}}\varGamma_{n}\geqslant\gamma_{n},\forall n\\ &\boldsymbol{w}^{\mathrm{H}}\boldsymbol{R}_{\mathrm{s}}\boldsymbol{w}+\boldsymbol{w}^{\mathrm{H}}\boldsymbol{w}\sigma_{\mathrm{r}}^{2}=P_{\mathrm{tot}}\end{aligned} \tag{5-18}$$

为了方便表达，$p\left(\boldsymbol{w},\Delta\boldsymbol{h}_{\mathrm{d}_{n^{*}}},\Delta\boldsymbol{h}_{\mathrm{d}_{\mathrm{e}}}\right)$定义为

$$p\left(\boldsymbol{w},\Delta\boldsymbol{h}_{\mathrm{d}_{n^{*}}},\Delta\boldsymbol{h}_{\mathrm{d}_{\mathrm{e}}}\right)=\frac{\boldsymbol{w}^{\mathrm{H}}\boldsymbol{U}\boldsymbol{w}}{\boldsymbol{w}^{\mathrm{H}}\boldsymbol{V}\boldsymbol{w}}\frac{\boldsymbol{w}^{\mathrm{H}}\boldsymbol{R}_{1}\boldsymbol{w}}{\boldsymbol{w}^{\mathrm{H}}\boldsymbol{R}_{2}\boldsymbol{w}} \tag{5-19}$$

接下来，对式（5-18）进行离散化，通过求解离散化后的问题得到一个有效解。将$\Delta\boldsymbol{h}_{\mathrm{d}_{n^{*}}}$和$\Delta\boldsymbol{h}_{\mathrm{d}_{\mathrm{e}}}$离散化为$\Delta\boldsymbol{h}_{\mathrm{d}_{n^{*}}}^{i}\in S_{n^{*}},\Delta\boldsymbol{h}_{\mathrm{d}_{\mathrm{e}}}^{i}\in S_{\mathrm{e}}$，$i=1,\cdots,k$，其中，$k$为离散点的个数。式（5-18）离散化，即松弛之后的最优化问题表示为

$$\begin{aligned}\max_{\boldsymbol{w},\xi}\quad &\xi\\ \text{s.t.}\quad &p(\boldsymbol{w},\Delta\boldsymbol{h}_{\mathrm{d}_{n^{*}}}^{i},\Delta\boldsymbol{h}_{\mathrm{d}_{\mathrm{e}}}^{i})\geqslant\xi,\Delta\boldsymbol{h}_{\mathrm{d}_{n^{*}}}^{i}\in S_{n^{*}},\Delta\boldsymbol{h}_{\mathrm{d}_{\mathrm{e}}}^{i}\in S_{\mathrm{e}},i=1,\cdots,k\\ &\min_{\Delta\boldsymbol{h}_{\mathrm{d}_{n}}\in S_{n}}\varGamma_{n}\geqslant\gamma_{n},\forall n\\ &\boldsymbol{w}^{\mathrm{H}}\boldsymbol{R}_{\mathrm{s}}\boldsymbol{w}+\boldsymbol{w}^{\mathrm{H}}\boldsymbol{w}\sigma_{\mathrm{r}}^{2}=P_{\mathrm{tot}}\end{aligned} \tag{5-20}$$

根据文献[13]，$\frac{\boldsymbol{w}^{\mathrm{H}}\boldsymbol{U}\boldsymbol{w}}{\boldsymbol{w}^{\mathrm{H}}\boldsymbol{V}\boldsymbol{w}}$的最大值和最小值与$\boldsymbol{V}^{-1}\boldsymbol{U}$的最大特征值$\lambda_{\max}$及最小特

征值 $\lambda_{\min}$ 相对应。那么式（5-20）第一个约束中的 $p\left(\boldsymbol{w},\Delta\boldsymbol{h}_{\mathrm{d}_{n^*}}^i,\Delta\boldsymbol{h}_{\mathrm{d}_{\mathrm{e}}}^i\right)$ 满足

$$\lambda_{\min}^i\frac{\boldsymbol{w}^{\mathrm{H}}\boldsymbol{R}_1^i\boldsymbol{w}}{\boldsymbol{w}^{\mathrm{H}}\boldsymbol{R}_2^i\boldsymbol{w}}\leqslant p(\boldsymbol{w},\Delta\boldsymbol{h}_{\mathrm{d}_{n^*}}^i,\Delta\boldsymbol{h}_{\mathrm{d}_{\mathrm{e}}}^i)\leqslant\lambda_{\max}^i\frac{\boldsymbol{w}^{\mathrm{H}}\boldsymbol{R}_1^i\boldsymbol{w}}{\boldsymbol{w}^{\mathrm{H}}\boldsymbol{R}_2^i\boldsymbol{w}} \tag{5-21}$$

利用式（5-21），式（5-20）可以松弛为

$$\begin{aligned}&\max_{\boldsymbol{w},\xi}\quad\xi\\&\text{s.t.}\quad\lambda_{\min}^i\frac{\boldsymbol{w}^{\mathrm{H}}\boldsymbol{R}_1^i\boldsymbol{w}}{\boldsymbol{w}^{\mathrm{H}}\boldsymbol{R}_2^i\boldsymbol{w}}\geqslant\xi,\Delta\boldsymbol{h}_{\mathrm{d}_{n^*}}^i\in S_{n^*},\Delta\boldsymbol{h}_{\mathrm{d}_{\mathrm{e}}}^i\in S_{\mathrm{e}},i=1,\cdots,k\\&\qquad\min_{\Delta\boldsymbol{h}_{\mathrm{d}_n}\in S}\Gamma_n\geqslant\gamma_n,\forall n\\&\qquad\boldsymbol{w}^{\mathrm{H}}\boldsymbol{R}_{\mathrm{s}}\boldsymbol{w}+\boldsymbol{w}^{\mathrm{H}}\boldsymbol{w}\sigma_{\mathrm{r}}^2=P_{\mathrm{tot}}\end{aligned} \tag{5-22}$$

当满足条件 $\lambda_{\max}^i\approx\lambda_{\min}^i$ 时，式(5-22)的解几乎接近式(5-20)的解。满足 $\lambda_{\max}^i\approx\lambda_{\min}^i$ 的通信场景如下：1）中继节点与窃听节点之间信道增益幅度近似等于中继节点与合法目标节点之间信道增益幅度的场景；2）中继处的信号功率远大于合法目标节点处的信号功率的场景。在以上两个场景中，式（5-22）的解几乎是最优的。

在式（5-22）中的第二个约束，即合法目标节点的最低接收 SINR 约束可以重新写为

$$\left(\hat{\boldsymbol{h}}_{\mathrm{d}_n}+\Delta\boldsymbol{h}_{\mathrm{d}_n}\right)^{\mathrm{H}}\boldsymbol{Q}_n\left(\hat{\boldsymbol{h}}_{\mathrm{d}_n}+\Delta\boldsymbol{h}_{\mathrm{d}_n}\right)\geqslant u_n,\left\|\Delta\boldsymbol{h}_{\mathrm{d}_n}\right\|^2\leqslant N\rho_n^2,\forall n \tag{5-23}$$

其中，$\boldsymbol{Q}_n=P_n\boldsymbol{R}_{s_n}\boldsymbol{w}\boldsymbol{w}^{\mathrm{H}}-\gamma_n\sigma_{\mathrm{r}}^2\boldsymbol{w}\boldsymbol{w}^{\mathrm{H}}-\gamma_n\sum_{i\neq n}^{N}P_i\boldsymbol{R}_{s_i}\boldsymbol{w}\boldsymbol{w}^{\mathrm{H}}$，$\boldsymbol{R}_{s_n}=\mathrm{diag}\left(\left|h_{s_n,1}\right|^2,\cdots,\left|h_{s_n,L}\right|^2\right)$，$u_n=\gamma_n\sigma_{\mathrm{d}}^2$。

利用 S-Procedure 原理[14]，式（5-23）可以等价转换为

$$\boldsymbol{T}_n(\boldsymbol{Q}_n,\beta_n,u_n)\overset{\Delta}{=}\begin{pmatrix}\beta_n\boldsymbol{I}+\boldsymbol{Q}_n & \boldsymbol{Q}_n\hat{\boldsymbol{h}}_{\mathrm{d}_n}\\ \hat{\boldsymbol{h}}_{\mathrm{d}_n}^{\mathrm{H}}\boldsymbol{Q}_n & \hat{\boldsymbol{h}}_{\mathrm{d}_n}^{\mathrm{H}}\boldsymbol{Q}_n\hat{\boldsymbol{h}}_{\mathrm{d}_n}-u_n-\beta_nN\rho_n^2\end{pmatrix}\succeq0,\ \exists\beta_n\geqslant0,\forall n \tag{5-24}$$

为了求解式（5-22），引入半定松弛技术，定义 $\boldsymbol{W}=\boldsymbol{w}\boldsymbol{w}^{\mathrm{H}}$，利用迹的性质 $\mathrm{tr}(\boldsymbol{AB})=\mathrm{tr}(\boldsymbol{BA})$，并将式（5-24）替换式（5-22）中的第二个约束条件，那么，式（5-22）转换为

$$\begin{aligned}&\max_{\boldsymbol{W}\succeq 0,\xi,\beta_n\geqslant 0} \quad \xi\\ &\text{s.t.}\quad \lambda_{\min}^{i}\frac{\mathrm{tr}\left(\boldsymbol{R}_1^i\boldsymbol{W}\right)}{\mathrm{tr}\left(\boldsymbol{R}_2^i\boldsymbol{W}\right)}\geqslant\xi,\Delta\boldsymbol{h}_{\mathrm{d}_{n^*}}^{i}\in S_{n^*},\Delta\boldsymbol{h}_{\mathrm{d}_{\mathrm{e}}}^{i}\in S_{\mathrm{e}},i=1,\cdots,k\\ &\qquad\boldsymbol{T}_n(\boldsymbol{Q}_n,\beta_n,u_n)\succeq 0,\forall n\\ &\qquad\mathrm{tr}\left(\left(\boldsymbol{R}_{\mathrm{s}}+\sigma_{\mathrm{r}}^2\boldsymbol{I}_L\right)\boldsymbol{W}\right)=P_{\mathrm{tot}}\\ &\qquad\mathrm{rank}(\boldsymbol{W})=1\end{aligned}\tag{5-25}$$

因为$\boldsymbol{W}=\boldsymbol{w}\boldsymbol{w}^{\mathrm{H}}$，所以式（5-25）中$\boldsymbol{W}\succeq 0$，$\mathrm{rank}(\boldsymbol{W})=1$。在利用 SDR 技术时，通常先忽略式（5-25）中的最后一个非凸约束条件$\mathrm{rank}(\boldsymbol{W})=1$，那么，式（5-25）可以进一步松弛为

$$\begin{aligned}&\max_{\boldsymbol{W}\succeq 0,\xi,\beta_n\geqslant 0} \quad \xi\\ &\text{s.t.}\quad \lambda_{\min}^{i}\frac{\mathrm{tr}\left(\boldsymbol{R}_1^i\boldsymbol{W}\right)}{\mathrm{tr}\left(\boldsymbol{R}_2^i\boldsymbol{W}\right)}\geqslant\xi,\Delta\boldsymbol{h}_{\mathrm{d}_{n^*}}^{i}\in S_{n^*},\Delta\boldsymbol{h}_{\mathrm{d}_{\mathrm{e}}}^{i}\in S_{\mathrm{e}},i=1,\cdots,k\\ &\qquad\boldsymbol{T}_n\left(\boldsymbol{Q}_n,\beta_n,u_n\right)\succeq 0,\forall n\\ &\qquad\mathrm{tr}\left(\left(\boldsymbol{R}_{\mathrm{s}}+\sigma_{\mathrm{r}}^2\boldsymbol{I}_L\right)\boldsymbol{W}\right)=P_{\mathrm{tot}}\end{aligned}\tag{5-26}$$

对于任意给定的ξ，式（5-26）是一个半定规划问题，由于半定规划问题是凸规划问题，所以可以使用内点法对半定规划问题进行求解并能得到最优值，相应的凸可行性问题表示为

$$\begin{aligned}&\text{Find}\quad \boldsymbol{W}\\ &\text{s.t.}\quad \lambda_{\min}^{i}\frac{\mathrm{tr}\left(\boldsymbol{R}_1^i\boldsymbol{W}\right)}{\mathrm{tr}\left(\boldsymbol{R}_2^i\boldsymbol{W}\right)}\geqslant\xi,\Delta\boldsymbol{h}_{\mathrm{d}_{n^*}}^{i}\in S_{n^*},\Delta\boldsymbol{h}_{\mathrm{d}_{\mathrm{e}}}^{i}\in S_{\mathrm{e}},i=1,\cdots,k\\ &\qquad\boldsymbol{T}_n\left(\boldsymbol{Q}_n,\beta_n,u_n\right)\succeq 0,\forall n\\ &\qquad\mathrm{tr}\left(\left(\boldsymbol{R}_{\mathrm{s}}+\sigma_{\mathrm{r}}^2\boldsymbol{I}_L\right)\boldsymbol{W}\right)=P_{\mathrm{tot}}\end{aligned}\tag{5-27}$$

使用二分搜索算法来求解式（5-26），针对每个ξ，求解半定规划可行性问题用于判定问题的可行性，求解式（5-26）的算法如算法 5-1 所示。

算法 5-1 式（5-26）的求解算法

定义可行区间$\left[\xi_l,\xi_u\right]$，在这个区间内包含式（5-26）的最优值ξ_{opt}

1) 初始化ξ_l、ξ_u以及收敛精度$\varepsilon_1>0$

2) 令$\xi=\dfrac{\xi_l+\xi_u}{2}$

3) 对于给定的ξ，利用半定规划求解式（5-27）

4) 使用二分搜索算法更新ξ

5) 若式（5-27）可行，那么$\xi_l=\xi$

6) 若式（5-27）不可行，那么$\xi_u=\xi$

7) 如果$|\xi_l-\xi_u|<\varepsilon_1$，那么$\xi_l$为式（5-26）的最优值

在一般情况下，利用 SDR 技术得到的解$\boldsymbol{W}$不能保证它的秩是 1，所以半定松弛之后得到的最优解$\boldsymbol{W}$只是式（5-22）的次优解。这时可以利用算法 5-2 所示的高斯随机化方法[15]将求解式（5-26）得到的最优解$\boldsymbol{W}$转换为式（5-22）的逼近解。另外，如果得到的$\boldsymbol{W}$的秩是 1，那么可以使用矩阵分解得到$\boldsymbol{w}^{\text{opt}}$，这个解是全局优的。

算法 5-2 高斯随机化方法

1) 使用特征值分解方法，将$\boldsymbol{W}$分解为$\boldsymbol{W}=\tilde{\boldsymbol{U}}\boldsymbol{\Sigma}\tilde{\boldsymbol{U}}^{\mathrm{H}}$

2) 随机产生矢量$\tilde{\boldsymbol{v}}\in\mathcal{C}^{L\times1}$，其中，$[\tilde{\boldsymbol{v}}]_i=\mathrm{e}^{\mathrm{j}\theta_i}$，$i=1,\cdots,L$和$\theta_i$服从$[0,2\pi)$上的独立的均匀分布

3) $\boldsymbol{w}=\tilde{\boldsymbol{U}}\boldsymbol{\Sigma}^{\frac{1}{2}}\tilde{\boldsymbol{v}}$并确保$\boldsymbol{w}^{\mathrm{H}}\boldsymbol{w}=\mathrm{tr}(\boldsymbol{W})$

设$(\boldsymbol{w}^k,\xi^k)$是式（5-20）的最优解，若$(\boldsymbol{w}^k,\xi^k)$是式（5-18）的可行解，那么，它一定是式（5-18）的最优解；若$(\boldsymbol{w}^k,\xi^k)$不是式（5-18）的可行解，那么，对于固定的$(\boldsymbol{w}^k,\xi^k)$，存在$\Delta\boldsymbol{h}_{\mathrm{d}_{n^*}}$和$\Delta\boldsymbol{h}_{\mathrm{d}_{\mathrm{e}}}$不满足式（5-20）中的第一个约束条件，这时求得不满足约束的最小值的解，继续循环，在固定的$\Delta\boldsymbol{h}_{\mathrm{d}_{n^*}}$和$\Delta\boldsymbol{h}_{\mathrm{d}_{\mathrm{e}}}$下求解$(\boldsymbol{w}^{k+1},\xi^{k+1})$，即通过求解一系列的式（5-20）的解得到式（5-18）的一个有效解。

判断是否满足式（5-20）中的第一个约束条件，可以通过在$\boldsymbol{w}=\boldsymbol{w}^k$时求解以下最优化问题

$$\min_{\Delta\boldsymbol{h}_{\mathrm{d}_{n^*}}\in S_{n^*},\Delta\boldsymbol{h}_{\mathrm{d}_{\mathrm{e}}}\in S_{\mathrm{e}}}\frac{1+\Gamma_{n^*}}{1+\Gamma_{\mathrm{e}}}\tag{5-28}$$

式（5-28）的最小值与ξ进行比较，就可判断条件成立与否。式（5-28）可以重新写为

$$\begin{aligned} &\min_{\Delta \boldsymbol{h}_{\mathrm{d}_{n^*}} \in S_{n^*}, \Delta \boldsymbol{h}_{\mathrm{d}_{\mathrm{e}}} \in S_{\mathrm{e}}, s>1, t>1} \quad \frac{s}{t} \\ &\text{s.t.} \quad \left(\hat{\boldsymbol{h}}_{\mathrm{d}_{n^*}} + \Delta \boldsymbol{h}_{\mathrm{d}_{n^*}}\right)^{\mathrm{H}} \tilde{\boldsymbol{Q}}_{n^*} \left(\hat{\boldsymbol{h}}_{\mathrm{d}_{n^*}} + \Delta \boldsymbol{h}_{\mathrm{d}_{n^*}}\right) \leqslant (s-1)\sigma_{\mathrm{d}}^2 \\ &\qquad \left(\hat{\boldsymbol{h}}_{\mathrm{d}_{\mathrm{e}}} + \Delta \boldsymbol{h}_{\mathrm{d}_{\mathrm{e}}}\right)^{\mathrm{H}} \boldsymbol{Q}_{\mathrm{e}} \left(\hat{\boldsymbol{h}}_{\mathrm{d}_{\mathrm{e}}} + \Delta \boldsymbol{h}_{\mathrm{d}_{\mathrm{e}}}\right) \geqslant (t-1)\sigma_{\mathrm{e}}^2 \end{aligned} \tag{5-29}$$

其中，$\tilde{\boldsymbol{Q}}_{n^*} = P_{n^*} \boldsymbol{R}_{s_{n^*}} \boldsymbol{w}\boldsymbol{w}^{\mathrm{H}} - (s-1)\sigma_{\mathrm{r}}^2 \boldsymbol{w}\boldsymbol{w}^{\mathrm{H}} - (s-1)\sum_{i \neq n^*}^{N} P_i \boldsymbol{R}_{s_i} \boldsymbol{w}\boldsymbol{w}^{\mathrm{H}}$，$\boldsymbol{Q}_{\mathrm{e}} = P_{n^*} \boldsymbol{R}_{s_{n^*}} \boldsymbol{w}\boldsymbol{w}^{\mathrm{H}} - (t-1)\sigma_{\mathrm{r}}^2 \boldsymbol{w}\boldsymbol{w}^{\mathrm{H}} - (t-1)\sum_{i \neq n^*}^{N} P_i \boldsymbol{R}_{s_i} \boldsymbol{w}\boldsymbol{w}^{\mathrm{H}}$，$\boldsymbol{R}_{s_{n^*}} = \mathrm{diag}\left(\left|h_{s_{n^*},1}\right|^2, \cdots, \left|h_{s_{n^*},L}\right|^2\right)$。

s 的最小值 $s_{\min}$ 以及 t 的最大值 $t_{\max}$ 可以通过求解式（5-30）和式（5-31）得到。

$$\begin{aligned} &\max_{\Delta \boldsymbol{h}_{\mathrm{d}_{n^*}} \in S_{n^*}, s>1} \quad \frac{1}{s} \\ &\text{s.t.} \quad \left(\hat{\boldsymbol{h}}_{\mathrm{d}_{n^*}} + \Delta \boldsymbol{h}_{\mathrm{d}_{n^*}}\right)^{\mathrm{H}} \tilde{\boldsymbol{Q}}_{n^*} \left(\hat{\boldsymbol{h}}_{\mathrm{d}_{n^*}} + \Delta \boldsymbol{h}_{\mathrm{d}_{n^*}}\right) \leqslant (s-1)\sigma_{\mathrm{d}}^2 \end{aligned} \tag{5-30}$$

$$\begin{aligned} &\max_{\Delta \boldsymbol{h}_{\mathrm{d}_{\mathrm{e}}} \in S_{\mathrm{e}}, t>1} \quad t \\ &\text{s.t.} \quad \left(\hat{\boldsymbol{h}}_{\mathrm{d}_{\mathrm{e}}} + \Delta \boldsymbol{h}_{\mathrm{d}_{\mathrm{e}}}\right)^{\mathrm{H}} \boldsymbol{Q}_{\mathrm{e}} \left(\hat{\boldsymbol{h}}_{\mathrm{d}_{\mathrm{e}}} + \Delta \boldsymbol{h}_{\mathrm{d}_{\mathrm{e}}}\right) \geqslant (t-1)\sigma_{\mathrm{e}}^2 \end{aligned} \tag{5-31}$$

对于给定的 s 和 t，式（5-30）和式（5-31）是凸规划问题。使用二分搜索算法对式（5-30）和式（5-31）进行求解。然后，可以得到 $\frac{s}{t}$ 的下界 $\frac{s_{\min}}{t_{\max}}$。

定义式（5-29）的最优值为 $\frac{s_{\mathrm{opt}}}{t_{\mathrm{opt}}}$，以及分辨率 $\Delta t = \frac{t_{\max}}{M}$，其中，$M$ 为正整数。t 以分辨率 Δt 从 $t_{\max}$ 递减到 1，对于每个给定的 t，利用二分搜索算法求解式（5-29）得到 s 的最小值。式（5-29）的求解算法如算法 5-3 所示。

算法 5-3　式（5-29）的求解算法

1) 设置 $j = M$
2) 令 $t_j = j\Delta_t$ 求解式（5-29）得到最优值 s_j
3) 若满足 $j == M$，那么，令 $s_{\mathrm{opt}} = s_j$, $t_{\mathrm{opt}} = t_j$
4) 否则，若满足 $\frac{s_{\mathrm{opt}}}{t_{\mathrm{opt}}} \geqslant \frac{s_j}{t_j}$ 时，则中止程序并输出；否则令 $s_{\mathrm{opt}} = s_j$, $t_{\mathrm{opt}} = t_j$,

   $j = M - 1$ 并返回步骤 2)

综合之前的分析，算法 5-4 给出了求解式（5-16）的算法，其中，令 $\tau=\frac{s}{t}$。

算法 5-4 式（5-16）的求解算法

1) 初始化 $\Delta\boldsymbol{h}_{\mathrm{d}_{n^*}}^0 \in S_{n^*}$，$\Delta\boldsymbol{h}_{\mathrm{d}_{\mathrm{e}}}^0 \in S_{\mathrm{e}}$，收敛精度 ε_2 以及 $k=0$

2) 求解式（5-20）得到 $(\boldsymbol{w}^k, \xi^k)$

3) 固定 $\boldsymbol{w}=\boldsymbol{w}^k$，求解式（5-28）得到解 $\left(\Delta\boldsymbol{h}_{\mathrm{d}_{n^*}}^{k+1}, \Delta\boldsymbol{h}_{\mathrm{d}_{\mathrm{e}}}^{k+1}\right)$ 和最大值 τ^k

4) 如果 $\tau^k \geqslant \xi^k+\varepsilon_2$，中止并输出；否则，令 $k=k+1$ 返回步骤 2)

5.4.3 收敛性分析

本节证明算法 5-4 是收敛的。

定理 5-1 对于任意给定的 $\varepsilon \geqslant 0$，算法 5-4 经过有限次迭代后可以达到 ε。

证明 在算法 5-4 的步骤 2)中，定义式（5-20）的最优解为 $(\boldsymbol{w}^k, \xi^k)$。由于中继的总发射功率是有界的，所以集合 $\{\boldsymbol{w}^k\}$ 是紧的。由于 $\{\xi^k\}$ 单调递减且有下界，因此，$\left\{(\boldsymbol{w}^k, \xi^k)\right\}$ 存在子序列并收敛于点 $(\overline{\boldsymbol{w}}, \overline{\xi})$。类似地，由于集合 S_{n^*} 和 S_{e} 是紧的，那么，由求解式（5-28）生成的与子序列 $\left\{\left(\boldsymbol{w}^{k^i}, \xi^{k^i}\right)\right\}$ 相对应的序列 $\left\{\Delta\boldsymbol{h}_{\mathrm{d}_{n^*}}^{k^i+1}, \Delta\boldsymbol{h}_{\mathrm{d}_{\mathrm{e}}}^{k^i+1}\right\}$ 收敛于 $\left\{\Delta\overline{\boldsymbol{h}}_{\mathrm{d}_{n^*}} \in S_{n^*}, \Delta\overline{\boldsymbol{h}}_{\mathrm{d}_{\mathrm{e}}} \in S_{\mathrm{e}}\right\}$。针对求解式（5-20）的第 k^i+1 次迭代，存在一个约束 $p\left(\boldsymbol{w}, \Delta\boldsymbol{h}_{\mathrm{d}_{n^*}}^{k^i+1}, \Delta\boldsymbol{h}_{\mathrm{d}_{\mathrm{e}}}^{k^i+1}\right) \geqslant \xi$，因此 $k^{i+1} \geqslant k^i+1$，对于 $\left(\boldsymbol{w}^{k^i+1}, \xi^{k^i+1}\right)$，式（5-32）成立。

$$p\left(\boldsymbol{w}^{k^{i+1}}, \Delta\boldsymbol{h}_{\mathrm{d}_{n^*}}^{k^i+1}, \Delta\boldsymbol{h}_{\mathrm{d}_{\mathrm{e}}}^{k^i+1}\right) \geqslant \xi^{k^{i+1}} \tag{5-32}$$

当 $k \rightarrow \infty$ 时，$\boldsymbol{w}^{k^{i+1}} \rightarrow \overline{\boldsymbol{w}}$，$\Delta\boldsymbol{h}_{\mathrm{d}_{n^*}}^{k^i+1} \rightarrow \overline{\boldsymbol{h}}_{\mathrm{d}_{n^*}}$，$\Delta\boldsymbol{h}_{\mathrm{d}_{\mathrm{e}}}^{k^i+1} \rightarrow \overline{\boldsymbol{h}}_{\mathrm{d}_{\mathrm{e}}}$，由于 p 的连续性，式(5-33)成立。

$$p\left(\overline{\boldsymbol{w}}, \Delta\overline{\boldsymbol{h}}_{\mathrm{d}_{n^*}}, \Delta\overline{\boldsymbol{h}}_{\mathrm{d}_{\mathrm{e}}}\right) \geqslant \overline{\xi} \tag{5-33}$$

对于 $\overline{\boldsymbol{w}}$，定义

$$\overline{\tau} = \min_{\Delta\boldsymbol{h}_{\mathrm{d}_{n^*}} \in S_{n^*}, \Delta\boldsymbol{h}_{\mathrm{d}_{\mathrm{e}}} \in S_{\mathrm{e}}} p\left(\overline{\boldsymbol{w}}, \Delta\boldsymbol{h}_{\mathrm{d}_{n^*}}, \Delta\boldsymbol{h}_{\mathrm{d}_{\mathrm{e}}}\right) \tag{5-34}$$

由于 p 是有下界的，所以有

$$\bar{\tau}=p\left(\bar{\boldsymbol{w}},\Delta\bar{\boldsymbol{h}}_{\mathrm{d}_{n^*}},\Delta\bar{\boldsymbol{h}}_{\mathrm{d}_{\mathrm{e}}}\right) \tag{5-35}$$

由式（5-33）和式（5-34）可以得到$\bar{\tau}\geqslant\bar{\xi}$。当$k$足够大时，$\tau^k\geqslant\xi^k+\varepsilon$成立，也就是说，算法 5-4 经过有限次迭代后满足程序中止的准则。

5.4.4 复杂度分析

本节分析算法 5-4 的复杂度。算法的复杂度包括时间复杂度和计算复杂度，时间复杂度指算法执行时间；计算复杂度指浮点运算次数，包含加法及乘法运算次数。

算法 5-4 的复杂度主要来自对式（5-26）和式（5-29）的求解。在式（5-26）中，对于任意给定的ξ，式（5-26）是一个半定规划问题。根据式（5-26）有$k+n$个约束条件，$\boldsymbol{W}$是$L\times L$维的，可以得到这个半定规划问题的复杂度最高为$O\left((k+n)^4L^{\frac{1}{2}}\right)$[14]。使用二分搜索算法对式（5-26）进行求解，共迭代$\mathrm{lb}\dfrac{\xi_u-\xi_l}{\varepsilon_1}$次到达$\varepsilon_1$[16]。因此，求解式（5-26）的复杂度最高为

$$O\left((k+n)^4L^{\frac{1}{2}}\mathrm{lb}\frac{\xi_u-\xi_l}{\varepsilon_1}\right) \tag{5-36}$$

类似地，可以得到求解式（5-29）的复杂度最高为

$$O\left(T_1 2^4(2L)^{\frac{1}{2}}\mathrm{lb}\frac{s_u-s_l}{\varepsilon_1}\right) \tag{5-37}$$

其中，T_1为算法 5-3 中算法的迭代次数。

因此，算法 5-4 的复杂度是求解式（5-26）和式（5-29）总复杂度的T_2倍，其中，T_2是算法 5-4 的迭代次数。

5.5 数值仿真结果

本节进行 MATLAB 仿真，对本章提到的增强物理层安全性能的鲁棒性算法进行性能分析。假设所有信道系数均由独立的零均值单位方差的复高斯随机变量组成，所

有背景噪声的方差为 0.1。由于本章集中于研究非理想 CSI 情况下分布式波束成形的设计，所以假设源节点发送信号的功率已知并且相等，即定义 $P_n = P, \forall n$。为了方便计算，假设每个合法目标节点接收到的 SINR 约束也是相等的，即定义 $\gamma_n = c, \forall n$。另外，假设所有 CSI 误差界也是相等的，即定义 $\rho_n = \rho_e = \rho, \forall n$。所有仿真结果通过对 1 000 次独立信道衰落取平均值而得。仿真实验主要涉及 3 种方案：1）第 5.4 节中非理想 CSI 情况下的安全传输方案，记为本章方案；2）第 5.3 节中理想 CSI 情况下的保密速率最大化方案[6]，记为理想方案；3）忽略 CSI 误差，直接将发送节点估计得到的 CSI 当作理想 CSI 用于理想方案求解中继权重的方案，记为对比方案。

首先，研究本章方案提到的非理想 CSI 情况下的鲁棒性安全传输算法的收敛性。当 $\rho^2 = 0.01$，$N = 2$，$L = 3$ 时，算法 5-4 每次迭代所得到的保密速率如图 5-2 所示。同时，还给出了不同的合法目标节点的接收 SINR 约束 $c = 1,2,3$ 情况下的收敛性分析。从图 5-2 可以看到，本章方案的算法 5-4 在 20 步内收敛。当所有目标节点的接收 SINR 约束相对较大时，安全用户的保密速率会较小，这是由于随着 SINR 约束的增加，中继节点需要分配更多的功率用于提高所有合法目标节点的接收 SINR 性能上。

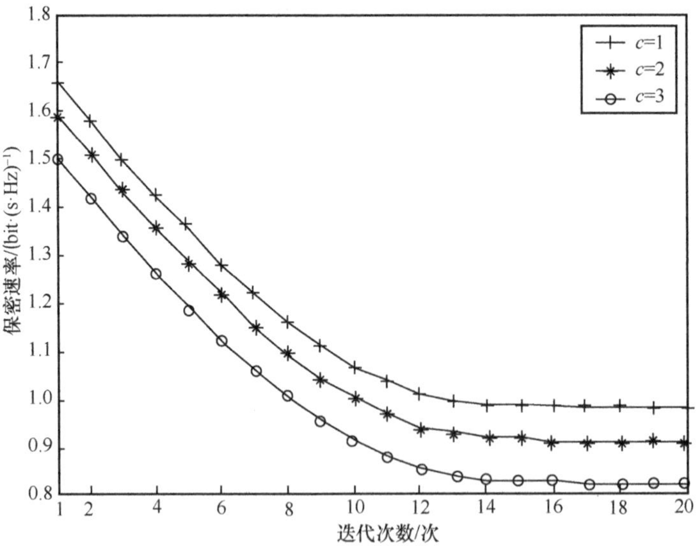

图 5-2　不同迭代次数下的保密速率

接下来，研究不同的 CSI 获取情况下的物理层安全性能分析。当 $\rho^2 = 0.01$，$N = 2$，$L = 3$，$c = 1,2$ 时，不同中继节点总功率约束下的保密速率如图 5-3 所示。

仿真结果表明，在理想 CSI 情况下，利用理想方案得到的保密速率是最大的；在非理想 CSI 情况下，忽略 CSI 误差统计知识，直接将估计得到的 CSI 当作理想 CSI 用于理想方案，即对比方案，得到的保密速率衰退为零，这是由于窃听节点的 SINR 优于安全用户的 SINR；与之相反，理想方案考虑了 CSI 误差统计知识设计鲁棒性算法，提供了非零的保密速率，一定程度上减少了 CSI 误差造成的性能损失。随着中继节点总功率的增加，系统的保密速率也是增大的，这是由于更多的功率被分配用于干扰窃听节点和提高系统的安全性能上。

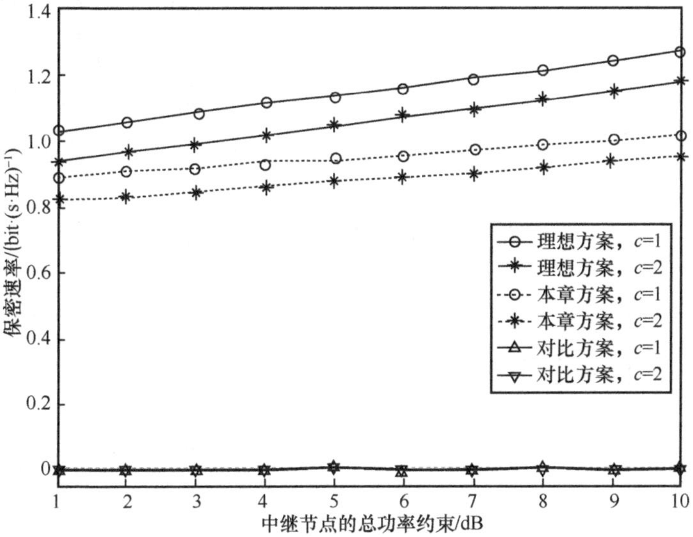

图 5-3　不同中继节点总功率约束下的保密速率（$\rho^2=0.01$）

当 $\rho^2=0.01$，$N=2$，$c=1,2$，$P_{\text{tot}}=5\text{dB}$ 时，不同中继数量下的保密速率如图 5-4 所示。仿真结果表明，CSI 被理想地获得时的保密速率是最优的，鲁棒性算法提供了非零的保密速率，降低了 CSI 带来的性能损失。而在对比方案中，保密速率衰退为零。另外，随着中继数量的增加，保密速率也在增加，这是由于中继数量的增加提高了自由度，更多的中继节点可以提供更多的功率增益，但是也增加了计算的复杂度，因此，需要进行权衡考虑。

当中继数量 $L=3$，合法目标节点数量 $N=2$，SINR 约束 $c=1,2$ 时，不同 CSI 误差界下的保密速率如图 5-5 所示。仿真结果表明，CSI 误差界增加时，保密速率逐渐恶化。对比方案中的保密速率衰退为零，而本章方案取得了非零的保密速率，提高了一定的性能。

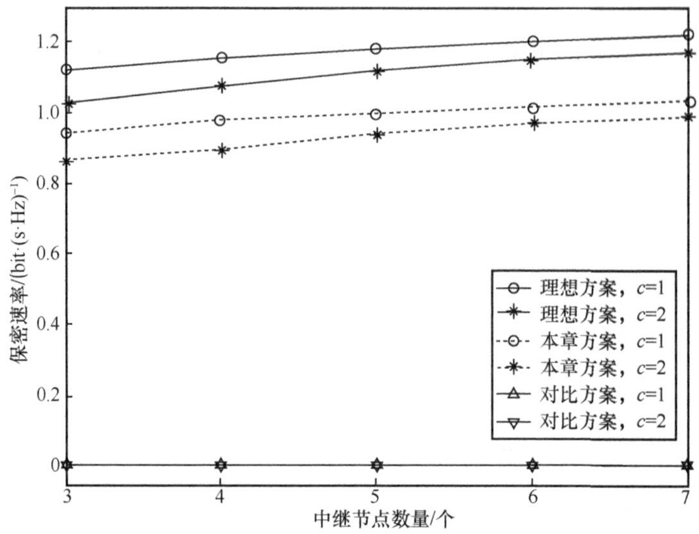

图 5-4　不同中继数量下的保密速率

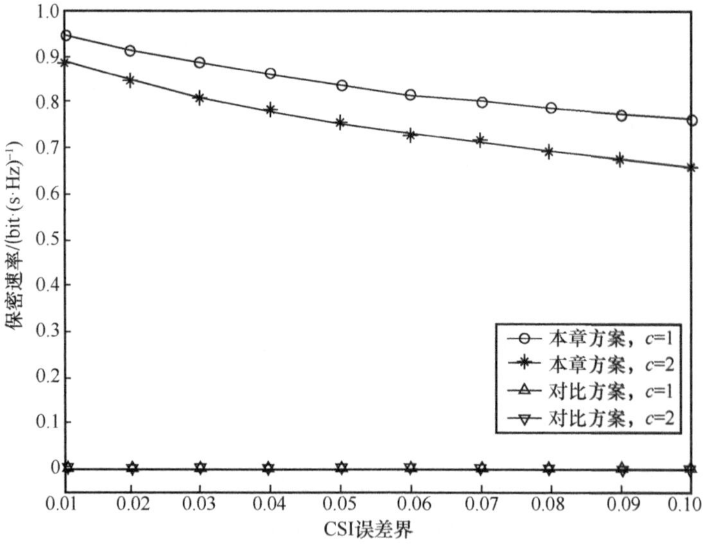

图 5-5　不同 CSI 误差界下的保密速率

显然，当 CSI 误差足够小时，利用对比方案得到的系统保密速率会出现非零的情况。为了进一步说明本章方案的性能，在 CSI 误差足够小时，对比了不同方案的性能。当 $\rho^2=0.0005$， $N=2$， $L=3$， $c=1$时，不同中继节点总功率约束下的保密速率如图 5-6 所示。仿真结果表明，尽管由对比方案得到的系统保密速率非零，但是性能仍然低于本章方案。本章方案在一定程度上降低了 CSI 误差造成的性能损失。由于 CSI 误差的减小，由对比方案和本章方案得到的保密速率进一步靠近理想 CSI 情况下的保密速率。

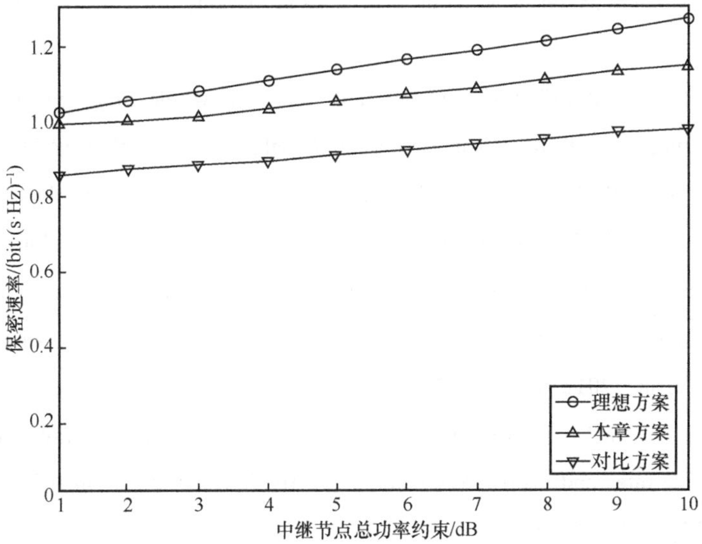

图 5-6　不同中继节点总功率约束下的保密速率

5.6　本章小结

本章构建了仅有一个源节点向其对应的合法目标节点发送的信息需要保密，其他源节点的信息不需要保密情况下的多用户点对点无线中继窃听信道模型。描述了所有中继节点到所有合法目标节点及窃听节点的非理想 CSI 情况下的 CSI 误差模型，提出了鲁棒性安全传输方案，即在给定的 CSI 误差范围内最大化系统的保密速率，同时每个合法目标节点的最低接收 SINR 以及中继节点的总功率满足一定的约束。提出了该方案的求解算法，可通过求解该方案的一系列离散化问题得到一个有效的解。严格证明了算法的收敛性，仿真分析验证了算法的有效性。仿真结果也表明，该方案减少了 CSI 误差造成的性能损失，显著地提高了系统的物理层安全性能。

参考文献

[1] YUKSEL M, ERKIP E. The relay channel with a wire-tapper[C]//Proceedings of 2007 41st Annual Conference on Information Sciences and Systems. Piscataway: IEEE Press, 2007: 13-18.

[2] DONG L, HAN Z, PETROPULU A P, et al. Improving wireless physical layer security via cooperating relays[J]. IEEE Transactions on Signal Processing, 2010, 58(3): 1875-1888.

[3] RANKOV B, WITTNEBEN A. Spectral efficient protocols for half-duplex fading relay channels[J]. IEEE Journal on Selected Areas in Communications, 2007, 25(2): 379-389.

[4] CHENG Y, PESAVENTO M. Joint optimization of source power allocation and distributed relay beamforming in multiuser peer-to-peer relay networks[J]. IEEE Transactions on Signal Processing, 2012, 60(6): 2962-2973.

[5] TEKIN E, YENER A. The general Gaussian multiple-access and two-way wiretap channels: achievable rates and cooperative jamming[J]. IEEE Transactions on Information Theory, 2008, 54(6): 2735-2751.

[6] WANG C, WANG H M, NG D W K, et al. Joint beamforming and power allocation for secrecy in peer-to-peer relay networks[J]. IEEE Transactions on Wireless Communications, 2015, 14(6): 3280-3293.

[7] SHENOUDA M B, DAVIDSON T N. Convex conic formulations of robust downlink precoder designs with quality of service constraints[J]. IEEE Journal of Selected Topics in Signal Processing, 2007, 1(4): 714-724.

[8] ZHENG G, WONG K K, PAULRAJ A, et al. Robust collaborative-relay beamforming[J]. IEEE Transactions on Signal Processing, 2009, 57(8): 3130-3143.

[9] HANIF M F, TRAN L N, JUNTTI M, et al. On linear precoding strategies for secrecy rate maximization in multiuser multiantenna wireless networks[J]. IEEE Transactions on Signal Processing, 2014, 62(14): 3536-3551.

[10] YANG Y C, SUN C, ZHAO H, et al. Algorithms for secrecy guarantee with null space beamforming in two-way relay networks[J]. IEEE Transactions on Signal Processing, 2014, 62(8): 2111-2126.

[11] MUKHERJEE A, SWINDLEHURST A L. Detecting passive eavesdroppers in the MIMO wiretap channel[C]//Proceedings of 2012 IEEE International Conference on Acoustics, Speech and Signal Processing (ICASSP). Piscataway: IEEE Press, 2012: 2809-2812.

[12] PASCUAL-ISERTE A, PALOMAR D P, PEREZ-NEIRA A I, et al. A robust maximin approach for MIMO communications with imperfect channel state information based on convex optimization[J]. IEEE Transactions on Signal Processing, 2006, 54(1): 346-360.

[13] GOLUB G H, LOAN C F V. Matrix computations[M]. 3rd ed. Baltimore: Johns Hopkins University Press, 1996.

[14] BOYD S, VANDENBERGHE L. Convex optimization[M]. Cambridge: Cambridge University Press, 2004.

[15] LUO Z Q, MA W K, SO A, et al. Semidefinite relaxation of quadratic optimization problems[J]. IEEE Signal Processing Magazine, 2010, 27(3): 20-34.

[16] LIU Y F, DAI Y H, LUO Z Q. Coordinated beamforming for MISO interference channel: complexity analysis and efficient algorithms[J]. IEEE Transactions on Signal Processing, 2011, 59(3): 1142-1157.

第 6 章 多用户点对点无线协同中继系统中多对保密用户的物理层安全技术

6.1 引言

随着无线通信技术的不断发展，分布式系统成为现有通信系统的一部分。关于多用户点对点（MUP2P）无线协同中继系统的研究越来越受人们的关注[1]。本章在文献[2]和本书第 5 章研究的基础上对窃听模型做了进一步拓展，研究了多用户点对点无线协同中继系统中多对保密用户的物理层安全技术。

在多用户点对点无线协同中继系统中，多对用户通过多个中继在两个时隙内进行通信，首先所有的源节点向中继节点发送信号，然后中继节点把处理后的信号发送给对应的合法目标节点，合法目标节点获得对应源节点的信息。文献[1]研究了不同的信道状态信息（CSI）情况下多用户点对点无线协同中继系统中的功率控制问题，然而没有针对该系统的安全传输技术进行研究。文献[2]和本书第 5 章针对只有单对用户需要发送保密信息的情况分别研究了多用户点对点无线协同中继系统中理想 CSI 情况和非理想 CSI 情况下的物理层安全技术。与文献[2]和本书第 5 章不同的是，本章针对所有源节点都要发送保密信息的情况，研究了多用户点对点无线协同中继系统中的多对保密用户物理层安全技术。

目前，在物理层安全领域有两个比较热门的研究：一是功率约束下的保密速率最大化问题；二是保密速率约束下的功率控制问题。文献[3]针对单个源节点和单个合法目标节点通过多个中继节点进行信号传输的场景研究了以上两个问题。与文献[3]不同的是，本章在多源、多中继、多合法目标节点的通信场景中对这两个问题进行了研究。

文献[4]以最大化所有用户保密速率和为目标研究了多用户 MIMO 系统下行链路的物理层安全技术。以保密速率和为目标设计系统时，信道质量好的用户分配到的功率更多，而信道质量差的用户分配到的功率却很少，这造成了用户之间的不公平性。本章在研究保密速率最大化问题时，从用户公平性角度出发，以最大化所有用户保密速率和为目标设计了中继权重。

文献[5]针对多波束卫星通信场景利用迫零波束成形（ZFBF）方法研究了每个用户保密速率约束下的功率控制问题。ZFBF 是指将合法目标节点的共道干扰归零或将窃听节点试图窃听的信号归零。但 ZFBF 方法会造成系统性能损失，并且其使用也是有限制条件的，必须当发送端的天线数量大于接收端的天线数量时才能使用。

本章在构建多用户点对点无线协同中继窃听信道模型过程中，假设所有的源节点向其对应的合法目标节点发送保密信息，所有节点均配置单根天线，中继节点采用放大转发（AF）协议。根据不同的系统性能需求，研究了多用户点对点无线中继系统中多对保密用户的两种物理层安全技术。首先，以保密速率和为目标，从用户公平性角度，提出最大化所有合法目标节点的保密速率，同时满足中继节点总功率约束的方案。其次，从系统的功率消耗角度，在满足每个合法目标节点保密速率的约束下，最小化中继节点的总功率。最后，提出了基于半定松弛技术和梯度下降法的最优迭代算法。

6.2　系统模型和基本假设

考虑如图 6-1 所示的多用户点对点的多对保密用户无线中继窃听信道模型，其由 N 个源节点 $\{S_1,\cdots,S_N\}$，L 个中继节点 $\{R_1,\cdots,R_L\}$，N 个合法目标节点 $\{D_1,\cdots,D_N\}$ 以及一个窃听节点 E 组成。假设所有节点都配置单根天线，均采用半双工模式，中继数量 $L>1$，源节点数和合法目标节点数 $N>1$。假设所有的源节点都要通过中继节点向对应的合法目标节点发送保密信息，由于距离太远，所有源节点到合法目标节点和窃听节点之间没有直接的通信链路，即所有合法目标节点和窃听节点不在所有源节点的电磁信号覆盖范围内。源节点发出的信号需要经过两个阶段的传输才能到达合法目标节点。

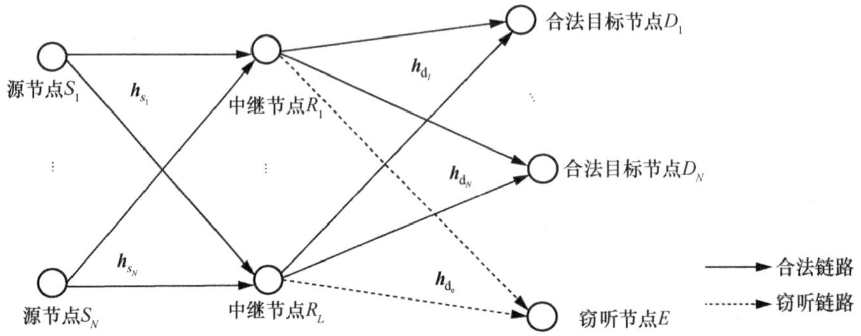

图 6-1　多用户点对点的多对保密用户无线中继窃听信道模型

使用$\boldsymbol{H}_{\mathrm{sr}}=\left(\boldsymbol{h}_{s_1},\cdots,\boldsymbol{h}_{s_N}\right)\in\mathcal{C}^{L\times N}$表示从源节点到中继节点的信道增益，其中，$\boldsymbol{h}_{s_i}$表示第$i$个源节点到所有中继节点的信道系数；$\boldsymbol{h}_{\mathrm{d}_n}=\left(h_{\mathrm{d}_n,1},\cdots,h_{\mathrm{d}_n,L}\right)^{\mathrm{T}}\in\mathcal{C}^{L\times 1}$表示从中继节点到第$n$个合法目标节点的信道增益；$\boldsymbol{h}_{\mathrm{d}_\mathrm{e}}=\left(h_{\mathrm{d}_\mathrm{e},1},\cdots,h_{\mathrm{d}_\mathrm{e},L}\right)^{\mathrm{T}}\in\mathcal{C}^{L\times 1}$表示从中继节点到窃听节点的信道增益。假设所有信道增益中的每个元素为独立同分布的复高斯随机变量。

在第一个传输阶段，N个源节点向中继节点发送信号，则中继节点接收的信号$\boldsymbol{x}_{\mathrm{r}}=(x_{\mathrm{r},1},\cdots,x_{\mathrm{r},n})^{\mathrm{T}}$表示为

$$\boldsymbol{x}_{\mathrm{r}}=\boldsymbol{H}_{\mathrm{sr}}\sqrt{P}\boldsymbol{s}+\boldsymbol{n}_{\mathrm{r}}\tag{6-1}$$

其中，$\boldsymbol{s}=(s_1,\cdots,s_N)^{\mathrm{T}}$，$s_i$表示第$i$个源节点发送的秘密符号，将其归一化后为$\mathbb{E}(\boldsymbol{s}\boldsymbol{s}^{\mathrm{H}})=\boldsymbol{I}_N$，$P$表示第$i$个源节点的发射功率，这里假设所有源节点的发射功率是相等的，$\boldsymbol{n}_{\mathrm{r}}\in\mathcal{C}^{L\times 1}$表示协方差矩阵为$\sigma_{\mathrm{r}}^2\boldsymbol{I}_L$的零均值高斯白噪声矢量，$\boldsymbol{I}_L$是$L\times L$维的单位矩阵。

在第二个传输阶段，中继节点将从源节点接收到的信号放大转发给合法目标节点。第n个合法目标节点接收到的信号y_n表示为

$$y_n=\boldsymbol{h}_{\mathrm{d}_n}^{\mathrm{T}}\boldsymbol{W}_{\mathrm{b}}\boldsymbol{h}_{s_n}\sqrt{P}s_n+\sum_{i\neq n}^{N}\boldsymbol{h}_{\mathrm{d}_n}^{\mathrm{T}}\boldsymbol{W}_{\mathrm{b}}\boldsymbol{h}_{s_i}\sqrt{P}s_i+\boldsymbol{h}_{\mathrm{d}_n}^{\mathrm{T}}\boldsymbol{W}_{\mathrm{b}}\boldsymbol{n}_{\mathrm{r}}+n_{\mathrm{d}_n}\tag{6-2}$$

其中，$\boldsymbol{W}_{\mathrm{b}}=\mathrm{diag}(w_1^*,\cdots,w_L^*)$表示波束成形矩阵，$w_l$表示第$l$个中继节点的波束成形权重，$n_{\mathrm{d}_n}\in\mathcal{C}$表示方差为$\sigma_{\mathrm{d}}^2$的零均值高斯白噪声。假设合法目标节点采用单用户检测，那么，在每个合法目标节点处的共道干扰$\sum_{i\neq n}^{N}\sqrt{P}\boldsymbol{h}_{\mathrm{d}_n}^{\mathrm{T}}\boldsymbol{W}_{\mathrm{b}}\boldsymbol{h}_{s_i}$可以被当作噪声。

窃听节点接收到的信号 y_{e} 表示为

$$y_{\mathrm{e}} = \boldsymbol{h}_{\mathrm{d_e}}^{\mathrm{T}} \boldsymbol{W}_{\mathrm{b}} \boldsymbol{h}_{s_n} \sqrt{P} s_n + \sum_{i \neq n}^{N} \boldsymbol{h}_{\mathrm{d_e}}^{\mathrm{T}} \boldsymbol{W}_{\mathrm{b}} \boldsymbol{h}_{s_i} \sqrt{P} s_i + \boldsymbol{h}_{\mathrm{d_e}}^{\mathrm{T}} \boldsymbol{W}_{\mathrm{b}} \boldsymbol{n}_{\mathrm{r}} + n_{\mathrm{e}} \tag{6-3}$$

其中，$n_{\mathrm{e}} \in \mathcal{C}$ 表示方差为 σ_{e}^2 的零均值高斯白噪声。

中继节点发送的信号 $\boldsymbol{W}_{\mathrm{b}} \boldsymbol{x}_{\mathrm{r}}$ 应该满足如下总功率约束条件

$$\boldsymbol{w}^{\mathrm{H}} \left(P \boldsymbol{R}_{\mathrm{s}} + \sigma_{\mathrm{r}}^2 \boldsymbol{I}_L \right) \boldsymbol{w} \leqslant P_0 \tag{6-4}$$

其中，$\boldsymbol{R}_{\mathrm{s}} = \mathrm{diag}\left(\sum_{i=1}^{N} \left| h_{s_i,1} \right|^2, \cdots, \sum_{i=1}^{N} \left| h_{s_i,L} \right|^2 \right)$，$\boldsymbol{w} = (w_1, \cdots, w_L)^{\mathrm{T}}$，$P_0$ 表示中继节点的总功率约束值。

利用式（6-2），第 n 个合法目标节点的接收 SINR 可以表示为

$$\Gamma_n = \frac{P \boldsymbol{w}^{\mathrm{H}} \boldsymbol{r}_{n,n} \boldsymbol{r}_{n,n}^{\mathrm{H}} \boldsymbol{w}}{\sigma_{\mathrm{d}}^2 + \sigma_{\mathrm{r}}^2 \boldsymbol{w}^{\mathrm{H}} \boldsymbol{R}_{\mathrm{d}_n} \boldsymbol{w} + \sum_{i \neq n}^{N} P \boldsymbol{w}^{\mathrm{H}} \boldsymbol{r}_{n,i} \boldsymbol{r}_{n,i}^{\mathrm{H}} \boldsymbol{w}} \tag{6-5}$$

其中，$\boldsymbol{r}_{n,i} = \boldsymbol{h}_{\mathrm{d}_n} \odot \boldsymbol{h}_{s_i}$，$\odot$ 表示 Hadamard 乘积，$\boldsymbol{R}_{\mathrm{d}_n} = \mathrm{diag}\left(\left| \boldsymbol{h}_{\mathrm{d}_n,1} \right|^2, \cdots, \left| \boldsymbol{h}_{\mathrm{d}_n,L} \right|^2 \right)$。

假设所有源节点的信息都需要进行保密传输，窃听节点试图窃听第 n 个合法目标节点的信息时，则它的接收 SINR 可以表示为

$$\Gamma_{\mathrm{e},n} = \frac{P \boldsymbol{w}^{\mathrm{H}} \boldsymbol{r}_{\mathrm{e},n} \boldsymbol{r}_{\mathrm{e},n}^{\mathrm{H}} \boldsymbol{w}}{\sigma_{\mathrm{e}}^2 + \sigma_{\mathrm{r}}^2 \boldsymbol{w}^{\mathrm{H}} \boldsymbol{R}_{\mathrm{d_e}} \boldsymbol{w} + \sum_{i \neq n}^{N} P \boldsymbol{w}^{\mathrm{H}} \boldsymbol{r}_{\mathrm{e},i} \boldsymbol{r}_{\mathrm{e},i}^{\mathrm{H}} \boldsymbol{w}} \tag{6-6}$$

其中，$\boldsymbol{r}_{\mathrm{e},i} = \boldsymbol{h}_{\mathrm{d_e}} \odot \boldsymbol{h}_{s_i}$，$\boldsymbol{R}_{\mathrm{d_e}} = \mathrm{diag}\left(\left| \boldsymbol{h}_{\mathrm{d_e},1} \right|^2, \cdots, \left| \boldsymbol{h}_{\mathrm{d_e},L} \right|^2 \right)$。

6.3 保密容量分析及问题形式

本节分析了第 6.2 节所提系统模型的保密容量，并给出了增强物理层安全的设计方案。

当窃听节点试图窃听第 n 对用户的信息时，从式（6-2）和式（6-3）可以看出，

对每个合法目标节点来说，其信道模型等价于单输入单输出模型，那么，第 n 对用户的保密容量可以表示为

$$C_n = \max\left(0, \mathrm{lb}(1+\Gamma_n) - \mathrm{lb}(1+\Gamma_{\mathrm{e},n})\right) \tag{6-7}$$

这里假设窃听链路的 CSI 是可以利用的，在物理层安全技术的研究中这个假设是普遍存在的，如文献[6-7]对保密容量的研究。窃听链路 CSI 已知的假设在某些场景下也是合理的，如付费电视广播服务。另外，文献[8]初步研究了利用振荡器泄漏功率估计被动窃听节点 CSI 的技术。

文献[3]研究了单个源节点、单个合法目标节点的无线协同中继系统中保密速率最大化问题及功率控制问题。本章针对多用户点对点的无线协同中继通信场景研究了这两个问题。首先，从用户公平性角度，最大化所有合法目标节点的保密速率，以至于所有的目标节点都可以取得一定的保密速率。这个问题在数学上可以转换为一个最小最大问题，即设计中继权重 $\boldsymbol{w}$ 最大化所有合法目标节点中最小的保密速率，同时中继节点的总发射功率受限于 P_0，则最优化问题可以表述为

$$\begin{aligned} &\max_{\boldsymbol{w}} \min_{1\leqslant n\leqslant N} \quad C_n \\ &\text{s.t.} \quad \boldsymbol{w}^{\mathrm{H}}\left(P\boldsymbol{R}_{\mathrm{s}} + \sigma_{\mathrm{r}}^2\boldsymbol{I}_L\right)\boldsymbol{w} \leqslant P_0 \end{aligned} \tag{6-8}$$

另外，从功率消耗角度，研究了在每个用户保密速率约束 C_n^0 条件下，最小化中继节点的总发射功率，这个最优化问题表示为

$$\begin{aligned} &\min_{\boldsymbol{w}} \quad \boldsymbol{w}^{\mathrm{H}}\left(P\boldsymbol{R}_{\mathrm{s}} + \sigma_{\mathrm{r}}^2\boldsymbol{I}_L\right)\boldsymbol{w} \\ &\text{s.t.} \quad C_n \geqslant C_n^0,\ 1\leqslant n\leqslant N \end{aligned} \tag{6-9}$$

在式（6-8）和式（6-9）中，保密速率是非凸的，因此，对这两个问题的求解是非常困难的。在第 6.4 节和第 6.5 节中，将利用半定松弛技术、二分搜索算法及梯度迭代方法对式（6-8）和式（6-9）进行求解。

6.4 保密速率最大化方案

文献[2]在多用户点对点中继通信系统中，针对仅单对用户进行保密信息传输

的场景研究了保密速率最大化的问题。本节针对所有用户都要进行保密信息传输的情况研究了最大化所有用户保密速率的问题。首先给出了不使用迫零约束情况下的求解方法，然后给出了使用迫零约束情况下的求解方法。

6.4.1　最优求解方法

式（6-8）重新表示为

$$\begin{aligned} &\max_{\boldsymbol{w}} \min_{1\leqslant n\leqslant N} \quad \log\frac{\Gamma_n+1}{\Gamma_{\mathrm{e},n}+1} \\ &\text{s.t.} \qquad \boldsymbol{w}^{\mathrm{H}}\left(P\boldsymbol{R}_{\mathrm{s}}+\sigma_{\mathrm{r}}^2\boldsymbol{I}_L\right)\boldsymbol{w}\leqslant P_0 \end{aligned} \tag{6-10}$$

根据文献[3]的研究，式（6-10）可以等价转换为

$$\begin{aligned} &\max_{\boldsymbol{w}} \min_{1\leqslant n\leqslant N} \quad \log\frac{\Gamma_n+1}{\Gamma_{\mathrm{e},n}+1} \\ &\text{s.t.} \qquad \boldsymbol{w}^{\mathrm{H}}\left(P\boldsymbol{R}_{\mathrm{s}}+\sigma_{\mathrm{r}}^2\boldsymbol{I}_L\right)\boldsymbol{w}= P_0 \end{aligned} \tag{6-11}$$

将式（6-5）和式（6-6）以及式（6-11）中的约束条件代入式（6-11）中的目标函数，可以得到以下最优化问题

$$\begin{aligned} &\max_{\boldsymbol{w}} \min_{1\leqslant n\leqslant N} \quad \log\left(\frac{\boldsymbol{w}^{\mathrm{H}}\boldsymbol{U}^n\boldsymbol{w}}{\boldsymbol{w}^{\mathrm{H}}\boldsymbol{V}^n\boldsymbol{w}}\frac{\boldsymbol{w}^{\mathrm{H}}\boldsymbol{R}_1^n\boldsymbol{w}}{\boldsymbol{w}^{\mathrm{H}}\boldsymbol{R}_2^n\boldsymbol{w}}\right) \\ &\text{s.t.} \qquad \boldsymbol{w}^{\mathrm{H}}\left(P\boldsymbol{R}_{\mathrm{s}}+\sigma_{\mathrm{r}}^2\boldsymbol{I}_L\right)\boldsymbol{w}= P_0 \end{aligned} \tag{6-12}$$

其中，$\boldsymbol{U}^n=\frac{\sigma_{\mathrm{e}}^2}{P_0}\left(P\boldsymbol{R}_{\mathrm{s}}+\sigma_{\mathrm{r}}^2\boldsymbol{I}_L\right)+\sigma_{\mathrm{r}}^2\boldsymbol{R}_{\mathrm{d}_{\mathrm{e}}}+\sum_{i\neq n}^{N}P\boldsymbol{r}_{\mathrm{e},i}\boldsymbol{r}_{\mathrm{e},i}^{\mathrm{H}}$，$\boldsymbol{V}^n=\frac{\sigma_{\mathrm{d}}^2}{P_0}\left(P\boldsymbol{R}_{\mathrm{s}}+\sigma_{\mathrm{r}}^2\boldsymbol{I}_L\right)+\sigma_{\mathrm{r}}^2\boldsymbol{R}_{\mathrm{d}_n}+\sum_{i\neq n}^{N}P\boldsymbol{r}_{n,i}\boldsymbol{r}_{n,i}^{\mathrm{H}}$，$\boldsymbol{R}_1^n=P\boldsymbol{r}_{n,n}\boldsymbol{r}_{n,n}^{\mathrm{H}}+\frac{\sigma_{\mathrm{d}}^2}{P_0}\left(P\boldsymbol{R}_{\mathrm{s}}+\sigma_{\mathrm{r}}^2\boldsymbol{I}_L\right)+\sigma_{\mathrm{r}}^2\boldsymbol{R}_{\mathrm{d}_n}+\sum_{i\neq n}^{N}P\boldsymbol{r}_{n,i}\boldsymbol{r}_{n,i}^{\mathrm{H}}$，$\boldsymbol{R}_2^n=P\boldsymbol{r}_{\mathrm{e},n}\boldsymbol{r}_{\mathrm{e},n}^{\mathrm{H}}+\frac{\sigma_{\mathrm{e}}^2}{P_0}\left(P\boldsymbol{R}_{\mathrm{s}}+\sigma_{\mathrm{r}}^2\boldsymbol{I}_L\right)+\sigma_{\mathrm{r}}^2\boldsymbol{R}_{\mathrm{d}_{\mathrm{e}}}+\sum_{i\neq n}^{N}P\boldsymbol{r}_{\mathrm{e},i}\boldsymbol{r}_{\mathrm{e},i}^{\mathrm{H}}$。

式（6-12）在数学上是一个最大最小问题，它的目标函数是非凸的，因此，该最优化问题也是一个非凸问题。接下来，将利用二分搜索算法对式（6-12）进行求解。

定义γ为

$$\min_{1\leqslant n\leqslant N} \log\left(\frac{\boldsymbol{w}^{\mathrm{H}}\boldsymbol{U}^{n}\boldsymbol{w}}{\boldsymbol{w}^{\mathrm{H}}\boldsymbol{V}^{n}\boldsymbol{w}}\frac{\boldsymbol{w}^{\mathrm{H}}\boldsymbol{R}_{1}^{n}\boldsymbol{w}}{\boldsymbol{w}^{\mathrm{H}}\boldsymbol{R}_{2}^{n}\boldsymbol{w}}\right) \tag{6-13}$$

将式（6-12）转换为以下最优化问题

$$\begin{aligned} &\max_{\boldsymbol{w},\gamma} \quad \gamma \\ &\text{s.t.} \quad \frac{\boldsymbol{w}^{\mathrm{H}}\boldsymbol{U}^{n}\boldsymbol{w}}{\boldsymbol{w}^{\mathrm{H}}\boldsymbol{V}^{n}\boldsymbol{w}}\frac{\boldsymbol{w}^{\mathrm{H}}\boldsymbol{R}_{1}^{n}\boldsymbol{w}}{\boldsymbol{w}^{\mathrm{H}}\boldsymbol{R}_{2}^{n}\boldsymbol{w}} \geqslant 2^{\gamma}, \forall n \\ &\qquad \boldsymbol{w}^{\mathrm{H}}\left(P\boldsymbol{R}_{\mathrm{s}}+\sigma_{\mathrm{r}}^{2}\boldsymbol{I}_{L}\right)\boldsymbol{w}=P_{0} \end{aligned} \tag{6-14}$$

为了表述方便，定义 $p_n(\boldsymbol{w})$ 为

$$p_n(\boldsymbol{w})=\frac{\boldsymbol{w}^{\mathrm{H}}\boldsymbol{U}^{n}\boldsymbol{w}}{\boldsymbol{w}^{\mathrm{H}}\boldsymbol{V}^{n}\boldsymbol{w}}\frac{\boldsymbol{w}^{\mathrm{H}}\boldsymbol{R}_{1}^{n}\boldsymbol{w}}{\boldsymbol{w}^{\mathrm{H}}\boldsymbol{R}_{2}^{n}\boldsymbol{w}} \tag{6-15}$$

根据文献[9]，$\dfrac{\boldsymbol{w}^{\mathrm{H}}\boldsymbol{U}^{n}\boldsymbol{w}}{\boldsymbol{w}^{\mathrm{H}}\boldsymbol{V}^{n}\boldsymbol{w}}$ 的最大值和最小值与 $(\boldsymbol{V}^{n})^{-1}\boldsymbol{U}^{n}$ 的最大特征值 $\lambda_{\max}^{n}$ 及最小特征值 $\lambda_{\min}^{n}$ 相对应。那么式（6-14）第一个约束中定义的 $p_n(\boldsymbol{w})$ 满足

$$\lambda_{\min}^{n}\frac{\boldsymbol{w}^{\mathrm{H}}\boldsymbol{R}_{1}^{n}\boldsymbol{w}}{\boldsymbol{w}^{\mathrm{H}}\boldsymbol{R}_{2}^{n}\boldsymbol{w}} \leqslant p_n(\boldsymbol{w}) \leqslant \lambda_{\max}^{n}\frac{\boldsymbol{w}^{\mathrm{H}}\boldsymbol{R}_{1}^{n}\boldsymbol{w}}{\boldsymbol{w}^{\mathrm{H}}\boldsymbol{R}_{2}^{n}\boldsymbol{w}} \tag{6-16}$$

利用不等式（6-16），将式（6-14）转换为以下最优化问题

$$\begin{aligned} &\max_{\boldsymbol{w},\gamma} \quad \gamma \\ &\text{s.t.} \quad \lambda_{\min}^{n}\frac{\boldsymbol{w}^{\mathrm{H}}\boldsymbol{R}_{1}^{n}\boldsymbol{w}}{\boldsymbol{w}^{\mathrm{H}}\boldsymbol{R}_{2}^{n}\boldsymbol{w}} \geqslant 2^{\gamma}, \forall n \\ &\qquad \boldsymbol{w}^{\mathrm{H}}\left(P\boldsymbol{R}_{\mathrm{s}}+\sigma_{\mathrm{r}}^{2}\boldsymbol{I}_{L}\right)\boldsymbol{w}=P_{0} \end{aligned} \tag{6-17}$$

为了求解式（6-17），使用半定松弛技术。定义 $\boldsymbol{W}=\boldsymbol{w}\boldsymbol{w}^{\mathrm{H}}$，利用迹的性质 $\mathrm{tr}(\boldsymbol{AB})=\mathrm{tr}(\boldsymbol{BA})$，则式（6-17）可转换为以下最优化问题

$$\begin{aligned} &\max_{\boldsymbol{W}\succeq 0,\gamma} \quad \gamma \\ &\text{s.t.} \quad \lambda_{\min}^{n}\frac{\mathrm{tr}\left(\boldsymbol{R}_{1}^{n}\boldsymbol{W}\right)}{\mathrm{tr}\left(\boldsymbol{R}_{2}^{n}\boldsymbol{W}\right)} \geqslant 2^{\gamma}, \forall n \\ &\qquad \mathrm{tr}\left(\left(P\boldsymbol{R}_{\mathrm{s}}+\sigma_{\mathrm{r}}^{2}\boldsymbol{I}_{L}\right)\boldsymbol{W}\right)=P_{0} \\ &\qquad \mathrm{rank}(\boldsymbol{W})=1 \end{aligned} \tag{6-18}$$

因为$\boldsymbol{W}=\boldsymbol{w}\boldsymbol{w}^{\mathrm{H}}$，所以式（6-18）中$\boldsymbol{W}\succeq 0$，$\mathrm{rank}(\boldsymbol{W})=1$。在利用半定松弛技术时，通常先忽略式（6-18）中的最后一个非凸约束条件$\mathrm{rank}(\boldsymbol{W})=1$，那么，式（6-18）可以进一步松弛为

$$\begin{aligned}&\max_{\boldsymbol{W}\succeq 0,\gamma}\quad \gamma\\&\text{s.t.}\quad \lambda_{\min}^{n}\frac{\mathrm{tr}(\boldsymbol{R}_1^n\boldsymbol{W})}{\mathrm{tr}(\boldsymbol{R}_2^n\boldsymbol{W})}\geqslant 2^{\gamma},\forall n\\&\qquad \mathrm{tr}\big((P\boldsymbol{R}_{\mathrm{s}}+\sigma_{\mathrm{r}}^2\boldsymbol{I}_L)\boldsymbol{W}\big)=P_0\end{aligned}\tag{6-19}$$

对于任意给定的γ，式（6-19）是一个半定规划问题，由于半定规划问题是凸的，所以可以使用内点法对半定规划问题进行求解并能得到最优值，相应的凸可行性问题表示为

$$\begin{aligned}&\text{Find}\quad \boldsymbol{W}\\&\text{s.t.}\quad \lambda_{\min}^{n}\frac{\mathrm{tr}\left(\boldsymbol{R}_1^n\boldsymbol{W}\right)}{\mathrm{tr}\left(\boldsymbol{R}_2^n\boldsymbol{W}\right)}\geqslant 2^{\gamma},\forall n\\&\qquad \mathrm{tr}\left(\left(P\boldsymbol{R}_{\mathrm{s}}+\sigma_{\mathrm{r}}^2\boldsymbol{I}_L\right)\boldsymbol{W}\right)=P_0\end{aligned}\tag{6-20}$$

使用二分搜索算法来求解式（6-19），针对每个γ，半定规划用于判定问题的可行性，求解式（6-19）的算法如算法 6-1 所示。定义初始的γ_l和γ_u分别为

$$\gamma_l=\min_n\frac{\dfrac{P\hat{\boldsymbol{w}}^{\mathrm{H}}\boldsymbol{r}_{n,n}\boldsymbol{r}_{n,n}^{\mathrm{H}}\hat{\boldsymbol{w}}}{\sigma_{\mathrm{d}}^2+\sigma_{\mathrm{r}}^2\hat{\boldsymbol{w}}^{\mathrm{H}}\boldsymbol{R}_{\mathrm{d}_n}\hat{\boldsymbol{w}}+\sum\limits_{i\neq n}^{N}P\hat{\boldsymbol{w}}^{\mathrm{H}}\boldsymbol{r}_{n,i}\boldsymbol{r}_{n,i}^{\mathrm{H}}\hat{\boldsymbol{w}}}+1}{\dfrac{P\hat{\boldsymbol{w}}^{\mathrm{H}}\boldsymbol{r}_{\mathrm{e},n}\boldsymbol{r}_{\mathrm{e},n}^{\mathrm{H}}\hat{\boldsymbol{w}}}{\sigma_{\mathrm{e}}^2+\sigma_{\mathrm{r}}^2\hat{\boldsymbol{w}}^{\mathrm{H}}\boldsymbol{R}_{\mathrm{d}_{\mathrm{e}}}\hat{\boldsymbol{w}}+\sum\limits_{i\neq n}^{N}P\hat{\boldsymbol{w}}^{\mathrm{H}}\boldsymbol{r}_{\mathrm{e},i}\boldsymbol{r}_{\mathrm{e},i}^{\mathrm{H}}\hat{\boldsymbol{w}}}+1}\tag{6-21}$$

$$\gamma_u=\min_n\frac{P\hat{\boldsymbol{w}}^{\mathrm{H}}\boldsymbol{r}_{n,n}\boldsymbol{r}_{n,n}^{\mathrm{H}}\hat{\boldsymbol{w}}}{\sigma_{\mathrm{d}}^2+\sigma_{\mathrm{r}}^2\hat{\boldsymbol{w}}^{\mathrm{H}}\boldsymbol{R}_{\mathrm{d}_n}\hat{\boldsymbol{w}}+\sum\limits_{i\neq n}^{N}P\hat{\boldsymbol{w}}^{\mathrm{H}}\boldsymbol{r}_{n,i}\boldsymbol{r}_{n,i}^{\mathrm{H}}\hat{\boldsymbol{w}}}+1\tag{6-22}$$

其中，$\hat{\boldsymbol{w}}=\dfrac{\sqrt{P}\boldsymbol{r}_{n,n}}{\left\|\boldsymbol{r}_{n,n}\right\|}$。

算法 6-1　求解式（6-19）的算法

定义可行区间$\left[\gamma_l,\gamma_u\right]$，在这个区间内包含式（6-19）的最优值$\gamma_{\mathrm{opt}}$

1) 初始化 γ_l、γ_u 以及收敛精度 $\varepsilon > 0$

2) 令 $\gamma = \frac{\gamma_l + \gamma_u}{2}$

3) 对于给定的 γ，利用半定规划原理求解式（6-20）

4) 使用二分搜索算法更新 γ

5) 若式（6-20）可行，那么 γ_l=γ

6) 若式（6-20）不可行，那么 γ_u=γ

7) 如果 $|\gamma_l - \gamma_u| < \varepsilon$，那么 γ_l 为式（6-19）的最优值

算法 6-1 的复杂度主要来自对式（6-19）的求解。在式（6-19）中，对于任意给定的 γ，式（6-19）是一个半定规划问题。根据式（6-19）有 $N+1$ 个约束条件，$\boldsymbol{w}$ 是 L 维的矢量，可以得到这个半定规划问题的复杂度最高为 $O\left((N+1)^4 L^{\frac{1}{2}}\right)$[10]。使用二分搜索算法对式（6-19）进行求解，总共迭代 $\mathrm{lb}\frac{\gamma_u - \gamma_l}{\varepsilon}$ 次到达 ε[11]。因此，求解式（6-19）的复杂度最高为

$$O\left(\mathrm{lb}\frac{\gamma_u - \gamma_l}{\varepsilon}(N+1)^4 L^{\frac{1}{2}}\right) \tag{6-23}$$

在一般情况下，利用 SDR 技术得到的解 $\boldsymbol{W}$ 不能保证它的秩是 1，所以半定松弛之后得到的最优解 $\boldsymbol{W}$ 只是式（6-17）的次优解。这个时候能够利用算法 6-2 所示的高斯随机化方法[12]将求解式（6-19）得到的最优解 $\boldsymbol{W}$ 转换为式（6-17）的逼近解。另外，如果得到的 $\boldsymbol{W}$ 的秩是 1，那么可以使用矩阵分解得到 $\boldsymbol{w}^{\mathrm{opt}}$，这个解是全局优的。

算法 6-2 高斯随机化方法

1) 使用特征值分解方法，$\boldsymbol{W}$ 分解为 $\boldsymbol{W}=\boldsymbol{U\Sigma U}^{\mathrm{H}}$

2) 随机产生矢量 $\tilde{\boldsymbol{v}} \in \mathcal{C}^{L\times 1}$，其中，$[\tilde{\boldsymbol{v}}]_i = \mathrm{e}^{\mathrm{j}\theta_i}, i=1,\cdots,L$ 和 θ_i 服从 $[0,2\pi)$ 上的独立的均匀分布

3) $\boldsymbol{w}=\boldsymbol{U\Sigma}^{\frac{1}{2}}\boldsymbol{v}$ 并确保 $\boldsymbol{w}^{\mathrm{H}}\boldsymbol{w} = \mathrm{tr}(\boldsymbol{W})$

当满足条件 $\lambda_{\max}^n \approx \lambda_{\min}^n$ 时，式(6-17)的解几乎接近式(6-14)的解。满足 $\lambda_{\max}^n \approx \lambda_{\min}^n$ 的通信场景有：1）中继节点与窃听节点之间信道增益幅度近似等于中继节点与合法目标节点之间信道增益幅度的场景；2）中继处的信号功率远大于合法目标节点处的信号功率的场景。对于以上两个场景中的求解，式（6-17）的解是几乎最优的。

6.4.2　迫零约束下的求解方法

文献[5,13]提出了一种次优的分布式波束成形方法，该方法设计中继权重位于源节点经中继转发到窃听信道的零空间上，这样窃听节点不能接收到中继节点转发的信号，即设计中继权重使窃听节点接收到的信号为零。

在第二个传输阶段中，当满足条件 $L > N$ 时，可以对窃听节点接收的信号进行迫零处理，即

$$\boldsymbol{w}^{\mathrm{H}}\boldsymbol{r}_{\mathrm{e},n}\boldsymbol{r}_{\mathrm{e},n}^{\mathrm{H}}\boldsymbol{w} = 0, \forall n \tag{6-24}$$

在迫零约束下，所有合法目标节点保密速率的最大化问题表示为

$$\begin{aligned} \max_{\boldsymbol{w}} \min_{1\leqslant n\leqslant N} \quad & \log(\varGamma_n + 1) \\ \text{s.t.} \quad & \boldsymbol{w}^{\mathrm{H}}\left(P\boldsymbol{R}_{\mathrm{s}} + \sigma_{\mathrm{r}}^2\boldsymbol{I}_L\right)\boldsymbol{w} \leqslant P_0 \\ & \boldsymbol{w}^{\mathrm{H}}\boldsymbol{r}_{\mathrm{e},n}\boldsymbol{r}_{\mathrm{e},n}^{\mathrm{H}}\boldsymbol{w} = 0, \forall n \end{aligned} \tag{6-25}$$

式（6-25）的转换过程与求解式（6-11）的过程是相同的。式（6-25）转换为以下最优化问题

$$\begin{aligned} \max_{\boldsymbol{w}} \min_{1\leqslant n\leqslant N} \quad & \log\left(\frac{\boldsymbol{w}^{\mathrm{H}}\tilde{\boldsymbol{R}}_1^n\boldsymbol{w}}{\boldsymbol{w}^{\mathrm{H}}\tilde{\boldsymbol{R}}_2^n\boldsymbol{w}+1} + 1\right) \\ \text{s.t.} \quad & \boldsymbol{w}^{\mathrm{H}}(P\boldsymbol{R}_{\mathrm{s}} + \sigma_{\mathrm{r}}^2\boldsymbol{I}_L)\boldsymbol{w} = P_0 \\ & \boldsymbol{w}^{\mathrm{H}}\boldsymbol{r}_{\mathrm{e},n}\boldsymbol{r}_{\mathrm{e},n}^{\mathrm{H}}\boldsymbol{w} = 0, \forall n \end{aligned} \tag{6-26}$$

其中，$\tilde{\boldsymbol{R}}_1^n = P\boldsymbol{r}_{n,n}\boldsymbol{r}_{n,n}^{\mathrm{H}}$，$\tilde{\boldsymbol{R}}_2^n = \sigma_{\mathrm{r}}^2\boldsymbol{R}_{\mathrm{d}_n} + P\sum_{i\neq n}^{n}\boldsymbol{r}_{n,i}\boldsymbol{r}_{n,i}^{\mathrm{H}}$ 。

定义 $\boldsymbol{R}_{\mathrm{e}}=(\boldsymbol{r}_{\mathrm{e},1},\cdots,\boldsymbol{r}_{\mathrm{e},N})$，那么 $\boldsymbol{r}_{\mathrm{e},n}^{\mathrm{H}}\boldsymbol{w} = 0,\forall n$ 可以等价为 $\boldsymbol{R}_{\mathrm{e}}^{\mathrm{H}}\boldsymbol{w} = 0$，定义它的解为 $\boldsymbol{w} = \boldsymbol{F}\boldsymbol{v}$，其中，$\boldsymbol{F}$ 为 $\boldsymbol{R}_{\mathrm{e}}^{\mathrm{H}}$ 的零空间的投影矩阵，$\boldsymbol{F}$ 的列构成了 $\boldsymbol{R}_{\mathrm{e}}^{\mathrm{H}}$ 的零空间的一个正交基，$\boldsymbol{F}$ 是 $N\times(L-N)$ 的矩阵，$\boldsymbol{v}$ 是 $(L-N)\times 1$ 的矢量。

将 $\boldsymbol{F}\boldsymbol{v}$ 替换式（6-26）中的 $\boldsymbol{w}$，则式（6-26）转换为

$$\begin{aligned} \max_{\boldsymbol{v}} \min_{1\leqslant n\leqslant N} \quad & \log\left(\frac{\boldsymbol{v}^{\mathrm{H}}\boldsymbol{F}^{\mathrm{H}}\tilde{\boldsymbol{R}}_1^n\boldsymbol{F}\boldsymbol{v}}{\boldsymbol{v}^{\mathrm{H}}\boldsymbol{F}^{\mathrm{H}}\tilde{\boldsymbol{R}}_2^n\boldsymbol{F}\boldsymbol{v}+1} + 1\right) \\ \text{s.t.} \quad & \boldsymbol{v}^{\mathrm{H}}\boldsymbol{F}^{\mathrm{H}}(P\boldsymbol{R}_{\mathrm{s}} + \sigma_{\mathrm{r}}^2\boldsymbol{I}_L)\boldsymbol{F}\boldsymbol{v} = P_0 \end{aligned} \tag{6-27}$$

将式（6-27）中的等式约束代入其目标函数，可以得到以下最优化问题

$$\begin{aligned}&\max_{\boldsymbol{v}} \min_{1\leqslant n\leqslant N} \quad \log\left(\frac{\boldsymbol{v}^{\mathrm{H}}\boldsymbol{Q}_1^n\boldsymbol{v}}{\boldsymbol{v}^{\mathrm{H}}\boldsymbol{Q}_2^n\boldsymbol{v}}+1\right)\\&\text{s.t.} \qquad \boldsymbol{v}^{\mathrm{H}}\boldsymbol{F}^{\mathrm{H}}\left(P\boldsymbol{R}_{\mathrm{s}}+\sigma_{\mathrm{r}}^2\boldsymbol{I}_L\right)\boldsymbol{F}\boldsymbol{v}=P_0\end{aligned} \tag{6-28}$$

其中，$\boldsymbol{Q}_1^n=\boldsymbol{F}^{\mathrm{H}}\tilde{\boldsymbol{R}}_1\boldsymbol{F}$，$\boldsymbol{Q}_2^n=\boldsymbol{F}^{\mathrm{H}}\tilde{\boldsymbol{R}}_2\boldsymbol{F}+P_0^{-1}\boldsymbol{F}^{\mathrm{H}}\left(P\boldsymbol{R}_{\mathrm{s}}+\sigma_{\mathrm{r}}^2\boldsymbol{I}_L\right)\boldsymbol{F}$。

定义 $\hat{\gamma}$ 为

$$\hat{\gamma}=\min_{1\leqslant n\leqslant N} \quad \log\left(\frac{\boldsymbol{v}^{\mathrm{H}}\boldsymbol{Q}_1^n\boldsymbol{v}}{\boldsymbol{v}^{\mathrm{H}}\boldsymbol{Q}_2^n\boldsymbol{v}}+1\right) \tag{6-29}$$

式（6-28）可以转换为

$$\begin{aligned}&\max_{\boldsymbol{v},\hat{\gamma}} \quad \hat{\gamma}\\&\text{s.t.} \quad \frac{\boldsymbol{v}^{\mathrm{H}}\boldsymbol{Q}_1^n\boldsymbol{v}}{\boldsymbol{v}^{\mathrm{H}}\boldsymbol{Q}_2^n\boldsymbol{v}}\geqslant 2^{\hat{\gamma}}-1,\forall n\\&\qquad \boldsymbol{v}^{\mathrm{H}}\boldsymbol{F}^{\mathrm{H}}\left(P\boldsymbol{R}_{\mathrm{s}}+\sigma_{\mathrm{r}}^2\boldsymbol{I}_L\right)\boldsymbol{F}\boldsymbol{v}=P_0\end{aligned} \tag{6-30}$$

令 $\boldsymbol{V}=\boldsymbol{v}\boldsymbol{v}^{\mathrm{H}}$，使用半定松弛技术将式（6-30）转换为

$$\begin{aligned}&\max_{\boldsymbol{V}\succeq 0,\hat{\gamma}} \quad \hat{\gamma}\\&\text{s.t.} \quad \frac{\mathrm{tr}\left(\boldsymbol{Q}_1^n\boldsymbol{V}\right)}{\mathrm{tr}\left(\boldsymbol{Q}_2^n\boldsymbol{V}\right)}\geqslant 2^{\hat{\gamma}}-1,\forall n\\&\qquad \mathrm{tr}\left(\left(P\boldsymbol{R}_{\mathrm{s}}+\sigma_{\mathrm{r}}^2\boldsymbol{I}_L\right)\boldsymbol{V}\right)=P_0\end{aligned} \tag{6-31}$$

利用算法 6-1 对式（6-31）进行求解，初始化 $\hat{\gamma}_l$ 和 $\hat{\gamma}_u$ 为

$$\hat{\gamma}_l=\min_n\frac{P\hat{\boldsymbol{w}}^{\mathrm{H}}\boldsymbol{r}_{n,n}\boldsymbol{r}_{n,n}^{\mathrm{H}}\hat{\boldsymbol{w}}}{\sigma_{\mathrm{d}}^2+\sigma_{\mathrm{r}}^2\hat{\boldsymbol{w}}^{\mathrm{H}}\boldsymbol{R}_{\mathrm{d}_n}\hat{\boldsymbol{w}}+\sum\limits_{i\neq n}^{N}P\hat{\boldsymbol{w}}^{\mathrm{H}}\boldsymbol{r}_{n,i}\boldsymbol{r}_{n,i}^{\mathrm{H}}\hat{\boldsymbol{w}}} \tag{6-32}$$

$$\hat{\gamma}_u=\min_n\frac{P\hat{\boldsymbol{w}}^{\mathrm{H}}\boldsymbol{r}_{n,n}\boldsymbol{r}_{n,n}^{\mathrm{H}}\hat{\boldsymbol{w}}}{\sigma_{\mathrm{d}}^2} \tag{6-33}$$

利用算法 6-2 将求解式（6-31）得到的最优解转换为式（6-30）的逼近解。

6.5 功率控制方案

本节主要研究了每个用户保密速率约束下的功率控制问题。首先介绍了对窃听

节点的接收信号进行迫零约束的算法，然后求解了没有额外增加任何约束条件下的最优求解算法。

本章的目标是最小化中继处总的发射功率，同时满足每个合法目标节点的保密速率约束 C_n^0 。数学上，该方案的最优化问题表示为

$$\begin{aligned} \min_{\boldsymbol{w}} \quad & \boldsymbol{w}^{\mathrm{H}}\left(P\boldsymbol{R}_{\mathrm{s}}+\sigma_{\mathrm{r}}^{2}\boldsymbol{I}_{L}\right)\boldsymbol{w} \\ \text{s.t.} \quad & \mathrm{C}_n \geqslant C_n^0, 1 \leqslant n \leqslant N \end{aligned} \tag{6-34}$$

式（6-34）是一个非凸的规划问题，因此对它的求解是困难的。接下来将研究式（6-34）的求解方法。

6.5.1　迫零约束下的求解方法

迫零波束成形是指发送信号位于非合法目标节点的零空间上，可以避免信息被非合法目标节点接收。迫零波束成形技术在无线协同中继系统及多天线系统中都有着广泛的应用。

当满足条件 $L>N$ 时，可以考虑对窃听节点接收的信号进行归零处理，即

$$\boldsymbol{w}^{\mathrm{H}}\boldsymbol{r}_{\mathrm{e},n}\boldsymbol{r}_{\mathrm{e},n}^{\mathrm{H}}\boldsymbol{w}=0, \forall n \tag{6-35}$$

因此，式（6-34）可以转换为以下最优化问题

$$\begin{aligned} \min_{\boldsymbol{w}} \quad & \boldsymbol{w}^{\mathrm{H}}\left(P\boldsymbol{R}_{\mathrm{s}}+\sigma_{\mathrm{r}}^{2}\boldsymbol{I}_{L}\right)\boldsymbol{w} \\ \text{s.t.} \quad & 1+\frac{P\boldsymbol{w}^{\mathrm{H}}\boldsymbol{r}_{n,n}\boldsymbol{r}_{n,n}^{\mathrm{H}}\boldsymbol{w}}{\sigma_{\mathrm{d}}^{2}+\sigma_{\mathrm{r}}^{2}\boldsymbol{w}^{\mathrm{H}}\boldsymbol{R}_{d_n}\boldsymbol{w}+\sum_{i\neq n}^{N}P\boldsymbol{w}^{\mathrm{H}}\boldsymbol{r}_{n,i}\boldsymbol{r}_{n,i}^{\mathrm{H}}\boldsymbol{w}} \geqslant 2^{C_n^0}, \forall n \\ & \boldsymbol{w}^{\mathrm{H}}\boldsymbol{r}_{\mathrm{e},n}\boldsymbol{r}_{\mathrm{e},n}^{\mathrm{H}}\boldsymbol{w}=0, \forall n \end{aligned} \tag{6-36}$$

同样，定义 $\boldsymbol{R}_{\mathrm{e}}=(\boldsymbol{r}_{\mathrm{e},1},\cdots,\boldsymbol{r}_{\mathrm{e},N})$ ，那么 $\boldsymbol{r}_{\mathrm{e},n}^{\mathrm{H}}\boldsymbol{w}=0,\forall n$ 可以等价为 $\boldsymbol{R}_{\mathrm{e}}^{\mathrm{H}}\boldsymbol{w}=0$ ，定义它的解为 $\boldsymbol{w}=\boldsymbol{F}\boldsymbol{v}$ ，其中， $\boldsymbol{F}$ 为 $\boldsymbol{R}_{\mathrm{e}}^{\mathrm{H}}$ 的零空间的投影矩阵， $\boldsymbol{F}$ 的列构成了 $\boldsymbol{R}_{\mathrm{e}}^{\mathrm{H}}$ 的零空间的一个正交基， $\boldsymbol{F}$ 是 $N\times(L-N)$ 的矩阵， $\boldsymbol{v}$ 是 $(L-N)\times 1$ 的矢量。

将 $\boldsymbol{F}\boldsymbol{v}$ 替换式（6-36）中的 $\boldsymbol{w}$ ，则式（6-36）转换为

$$\begin{aligned} \min_{\boldsymbol{v}} \quad & \boldsymbol{v}^{\mathrm{H}}\boldsymbol{F}^{\mathrm{H}}\left(P\boldsymbol{R}_{\mathrm{s}}+\sigma_{\mathrm{r}}^{2}\boldsymbol{I}_{L}\right)\boldsymbol{F}\boldsymbol{v} \\ \text{s.t.} \quad & \frac{P\boldsymbol{v}^{\mathrm{H}}\boldsymbol{F}^{\mathrm{H}}\boldsymbol{r}_{n,n}\boldsymbol{r}_{n,n}^{\mathrm{H}}\boldsymbol{F}\boldsymbol{v}}{\sigma_{\mathrm{d}}^{2}+\sigma_{\mathrm{r}}^{2}\boldsymbol{v}^{\mathrm{H}}\boldsymbol{F}^{\mathrm{H}}\boldsymbol{R}_{\mathrm{d}_n}\boldsymbol{F}\boldsymbol{v}+\sum_{i\neq n}^{N}P\boldsymbol{v}^{\mathrm{H}}\boldsymbol{F}^{\mathrm{H}}\boldsymbol{r}_{n,i}\boldsymbol{r}_{n,i}^{\mathrm{H}}\boldsymbol{F}\boldsymbol{v}} \geqslant 2^{C_n^0}-1, \forall n \end{aligned} \tag{6-37}$$

根据文献[13]，式（6-37）可以转换为一个 SOCP 问题，利用内点法进行求解得到最优解。

6.5.2 最优求解方法

通过前面的分析可知，迫零约束的使用是有限制条件的，并且额外增加一个约束后，所得解的性能也会降低。于是，本节在不增加任何迫零约束的情况下，给出式（6-34）的最优求解方法。

定理 6-1 式（6-34）与式（6-38）是等价的。

$$
\begin{aligned}
\min_{\boldsymbol{w}} \quad & \boldsymbol{w}^{\mathrm{H}}\left(P\boldsymbol{R}_{\mathrm{s}}+\sigma_{\mathrm{r}}^{2}\boldsymbol{I}_{L}\right)\boldsymbol{w} \\
\text{s.t.} \quad & \frac{P\boldsymbol{w}^{\mathrm{H}}\boldsymbol{r}_{n,n}\boldsymbol{r}_{n,n}^{\mathrm{H}}\boldsymbol{w}}{\sigma_{\mathrm{d}}^{2}+\sigma_{\mathrm{r}}^{2}\boldsymbol{w}^{\mathrm{H}}\boldsymbol{R}_{\mathrm{d}_n}\boldsymbol{w}+\sum\limits_{i\neq n}^{N}P\boldsymbol{w}^{\mathrm{H}}\boldsymbol{r}_{n,i}\boldsymbol{r}_{n,i}^{\mathrm{H}}\boldsymbol{w}} \geqslant r_n 2^{C_n^0}-1, \forall n \\
& \frac{P\boldsymbol{w}^{\mathrm{H}}\boldsymbol{r}_{\mathrm{e},n}\boldsymbol{r}_{\mathrm{e},n}^{\mathrm{H}}\boldsymbol{w}}{\sigma_{\mathrm{e}}^{2}+\sigma_{\mathrm{r}}^{2}\boldsymbol{w}^{\mathrm{H}}\boldsymbol{R}_{\mathrm{d}_{\mathrm{e}}}\boldsymbol{w}+\sum\limits_{i\neq n}^{N}P\boldsymbol{w}^{\mathrm{H}}\boldsymbol{r}_{\mathrm{e},i}\boldsymbol{r}_{\mathrm{e},i}^{\mathrm{H}}\boldsymbol{w}} \leqslant r_n-1 \\
& r_n>1
\end{aligned}
\tag{6-38}
$$

其中，$\boldsymbol{r}=(r_1,\cdots,r_N)$为松弛变量。

证明 首先，如果中继权重 $\boldsymbol{w}$ 是式（6-34）的一个可行解，那么$(\boldsymbol{w},r_1,\cdots,r_N)$是式(6-38)的一个可行解，其中，$r_i=\left(1+\dfrac{P\boldsymbol{w}^{\mathrm{H}}\boldsymbol{r}_{n,n}\boldsymbol{r}_{n,n}^{\mathrm{H}}\boldsymbol{w}}{\sigma_{\mathrm{d}}^{2}+\sigma_{\mathrm{r}}^{2}\boldsymbol{w}^{\mathrm{H}}\boldsymbol{R}_{\mathrm{d}_n}\boldsymbol{w}}\right)2^{-C_n^0}$；其次，如果$(\boldsymbol{w},r_1,\cdots,r_N)$是式（6-38）的一个可行解，那么，$\boldsymbol{w}$ 肯定是式（6-34）的一个可行解。证毕。

定理 6-2 定义$P(\boldsymbol{r})$为式（6-38）最优值，它是松弛变量 $\boldsymbol{r}$ 的函数，那么，$P(\boldsymbol{r})$关于 $\boldsymbol{r}$ 是凸的。

证明 式（6-38）的拉格朗日函数表示为

$$
\begin{aligned}
L(\boldsymbol{w},\boldsymbol{y},\boldsymbol{z},\boldsymbol{r}) = {} & \boldsymbol{w}^{\mathrm{H}}\left(P\boldsymbol{R}_{\mathrm{s}}+\sigma_{\mathrm{r}}^{2}\boldsymbol{I}_{L}\right)\boldsymbol{w} - \\
& \sum_{n=1}^{N} y_n\left(P\boldsymbol{w}^{\mathrm{H}}\boldsymbol{r}_{n,n}\boldsymbol{r}_{n,n}^{\mathrm{H}}\boldsymbol{w}-\left(r_n 2^{C_n^0}-1\right)\left(\sigma_{\mathrm{d}}^{2}+\sigma_{\mathrm{r}}^{2}\boldsymbol{w}^{\mathrm{H}}\boldsymbol{R}_{\mathrm{d}_n}\boldsymbol{w}+\sum_{i\neq n}^{N}P\boldsymbol{w}^{\mathrm{H}}\boldsymbol{r}_{n,i}\boldsymbol{r}_{n,i}^{\mathrm{H}}\boldsymbol{w}\right)\right) + \\
& \sum_{n=1}^{N} z_n\left(P\boldsymbol{w}^{\mathrm{H}}\boldsymbol{r}_{\mathrm{e},n}\boldsymbol{r}_{\mathrm{e},n}^{\mathrm{H}}\boldsymbol{w}-\left(r_n-1\right)\left(\sigma_{\mathrm{e}}^{2}+\sigma_{\mathrm{r}}^{2}\boldsymbol{w}^{\mathrm{H}}\boldsymbol{R}_{\mathrm{d}_{\mathrm{e}}}\boldsymbol{w}+\sum_{i\neq n}^{N}P\boldsymbol{w}^{\mathrm{H}}\boldsymbol{r}_{\mathrm{e},i}\boldsymbol{r}_{\mathrm{e},i}^{\mathrm{H}}\boldsymbol{w}\right)\right)
\end{aligned}
\tag{6-39}
$$

其中，$\boldsymbol{y}=(y_1,\cdots,y_N)$，$\boldsymbol{z}=(z_1,\cdots,z_N)$。

于是，可以得到式（6-38）的对偶问题表示为

$$\begin{aligned}
\max_{y\geqslant 0,z\geqslant 0}\quad & \sum_{n=1}^{N} y_n\left(r_n 2^{C_n^0}-1\right)\sigma_{\mathrm{d}}^2-\sum_{n=1}^{N} z_n(r_n-1)\sigma_{\mathrm{e}}^2\\
\text{s.t.}\quad & P\boldsymbol{R}_{\mathrm{s}}+\sigma_{\mathrm{r}}^2\boldsymbol{I}_L-\sum_{n=1}^{N} y_n P\boldsymbol{r}_{n,n}\boldsymbol{r}_{n,n}^{\mathrm{H}}+\sum_{n=1}^{N} y_n\left(r_n 2^{C_n^0}-1\right)\left(\sigma_{\mathrm{r}}^2\boldsymbol{R}_{\mathrm{d}_n}+\sum_{i\neq n}^{N} P\boldsymbol{r}_{n,i}\boldsymbol{r}_{n,i}^{\mathrm{H}}\right)+\\
& \sum_{n=1}^{N} z_n P\boldsymbol{r}_{\mathrm{e},n}\boldsymbol{r}_{\mathrm{e},n}^{\mathrm{H}}-\sum_{n=1}^{N} z_n(r_n-1)\left(\sigma_{\mathrm{r}}^2\boldsymbol{R}_{\mathrm{d}_{\mathrm{e}}}+\sum_{i\neq n}^{N} P\boldsymbol{r}_{\mathrm{e},i}\boldsymbol{r}_{\mathrm{e},i}^{\mathrm{H}}\right)\succeq 0
\end{aligned}\tag{6-40}$$

根据强对偶原理，式（6-40）的最优值也是 $P(\boldsymbol{r})$，式（6-40）的最优值关于 $\boldsymbol{y}$ 和 $\boldsymbol{z}$ 是线性的，所以关于 $\boldsymbol{r}$ 是凸的。因此，$P(\boldsymbol{r})$ 关于 $\boldsymbol{r}$ 是凸的。证毕。

根据凸函数的性质，局部最优是全局最优。因此，可以采用梯度下降法对式（6-38）进行求解。$P(\boldsymbol{r})$ 的梯度可以表示为

$$\begin{aligned}
\frac{\partial L}{\partial r_n}=\, & y_n 2^{C_n^0}\left(\sigma_{\mathrm{d}}^2+\sigma_{\mathrm{r}}^2\boldsymbol{w}^{\mathrm{H}}\boldsymbol{R}_{\mathrm{d}_n}\boldsymbol{w}+\sum_{i\neq n}^{N} P\boldsymbol{w}^{\mathrm{H}}\boldsymbol{r}_{n,i}\boldsymbol{r}_{n,i}^{\mathrm{H}}\boldsymbol{w}\right)-\\
& z_n\left(\sigma_{\mathrm{e}}^2+\sigma_{\mathrm{r}}^2\boldsymbol{w}^{\mathrm{H}}\boldsymbol{R}_{\mathrm{d}_{\mathrm{e}}}\boldsymbol{w}+\sum_{i\neq n}^{N} P\boldsymbol{w}^{\mathrm{H}}\boldsymbol{r}_{\mathrm{e},i}\boldsymbol{r}_{\mathrm{e},i}^{\mathrm{H}}\boldsymbol{w}\right)
\end{aligned}\tag{6-41}$$

利用半定松弛技术，式（6-38）转换为以下最优化问题

$$\begin{aligned}
\min_{\boldsymbol{W}\succeq 0}\quad & \operatorname{tr}\left(\left(P\boldsymbol{R}_{\mathrm{s}}+\sigma_{\mathrm{r}}^2\boldsymbol{I}_L\right)\boldsymbol{W}\right)\\
\text{s.t.}\quad & P\operatorname{tr}\left(\boldsymbol{r}_{n,n}\boldsymbol{r}_{n,n}^{\mathrm{H}}\boldsymbol{W}\right)-\left(r_n 2^{C_n^0}-1\right)\sigma_{\mathrm{r}}^2\operatorname{tr}\left(\boldsymbol{R}_{\mathrm{d}_n}\boldsymbol{W}\right)-\\
& \left(r_n 2^{C_n^0}-1\right)\sum_{i\neq n}^{N} P\operatorname{tr}\left(\boldsymbol{r}_{n,i}\boldsymbol{r}_{n,i}^{\mathrm{H}}\boldsymbol{W}\right)\geqslant\left(r_n 2^{C_n^0}-1\right)\sigma_{\mathrm{d}}^2\\
& P\operatorname{tr}\left(\boldsymbol{r}_{\mathrm{e},n}\boldsymbol{r}_{\mathrm{e},n}^{\mathrm{H}}\boldsymbol{W}\right)-(r_n-1)\sigma_{\mathrm{r}}^2\operatorname{tr}\left(\boldsymbol{R}_{\mathrm{d}_{\mathrm{e}}}\boldsymbol{W}\right)-\\
& (r_n-1)\sum_{i\neq n}^{N} P\operatorname{tr}\left(\boldsymbol{r}_{\mathrm{e},i}\boldsymbol{r}_{\mathrm{e},i}^{\mathrm{H}}\boldsymbol{W}\right)\leqslant(r_n-1)\sigma_{\mathrm{e}}^2
\end{aligned}\tag{6-42}$$

当 $\boldsymbol{r}$ 固定时，式（6-42）是一个半定规划问题，可以采用内点法进行求解得到最优解。求解式（6-34）的算法如算法 6-3 所示。仍然利用算法 6-2 将求解式（6-42）得到的最优解转换为式（6-34）的逼近解。

算法 6-3　求解式（6-34）的算法

1) 初始化 $\boldsymbol{r}^{(0)}$、$\boldsymbol{W}^{(0)}$ 及求解精度 ε

2) 设置 $k=1$

3) 在 $\boldsymbol{r}^{(k-1)}$ 下求解式（6-38）得到 $\boldsymbol{W}^{(k)}$

4) 如果 $\left|\operatorname{tr}(\boldsymbol{W}^{(k)})-\operatorname{tr}(\boldsymbol{W}^{(k-1)})\right|\leqslant\varepsilon$ 成立，那么

5) 　　如果 $\operatorname{rank}(\boldsymbol{W}^{(k)})=1$，利用矩阵分解得到 $\boldsymbol{W}^{(k)}$

6) 　　否则，利用算法 6-2 得到近似解

7) 否则，令 $k=k+1$，利用式（6-41）的梯度信息更新 $\boldsymbol{r}^{(k)}$，回到步骤 3)

式（6-38）有 $3N$ 个约束条件，$\boldsymbol{w}$ 是 L 维的矢量，由此可知，这个半定规划问题的最大复杂度是 $O\left((3N)^4 L^{\frac{1}{2}}\right)$。

6.6 数值仿真结果

本节进行仿真试验，对本章 6.4.1 节和 6.5.2 节提到的增强物理层安全性能的分布式波束成形方案进行性能分析。假设所有信道系数均由独立的零均值单位方差的复高斯随机变量组成；假设所有背景噪声的方差为 0.01，源节点发送信号的功率是相等的；为了方便计算，假设在功率控制问题中的每个合法目标节点的保密速率约束相等，即 $C_n^0=c,\forall n$。为了出示性能增益，本章方案与文献[5]中提到的 ZFBF 方案进行了比较。所有的仿真结果通过对 1 000 次独立信道衰落的结果取平均而得到。表 6-1 给出了具体的仿真参数设置。

表 6-1　仿真参数设置

仿真参数	取值
信道系数	零均值单位方差的高斯随机矢量
噪声方差	0.01
每个用户保密速率约束 C_n^0 /(bit·(s·Hz)$^{-1}$)	0.5～1.3
中继数量 L /个	3～6
合法目标节点数量 N /个	2
松弛变量初始值 $\boldsymbol{r}^{(0)}$	(1.5, 1.5)
中继节点总功率约束 P_0 /W	0.4～1
迭代次数/次	20

6.6.1　保密速率最大化方案的性能分析

本节给出了第 6.4 节提出的保密速率最大化方案的仿真结果，研究了不同中继数量及不同中继总功率约束值对系统性能的影响。仿真主要涉及两种方案：1）第 6.4.1 节提出的方案，记为本章方案；2）利用文献[5]中提到的 ZFBF 方法所设计的第 6.4.2 节中的方案，记为 ZFBF 方案。

当合法目标节点数量 $N=2$，中继节点总功率约束 $P_0=0.6,1.0$ 时，不同中继数量下的保密速率如图 6-2 所示。仿真结果表明，中继数量的增多会提高保密速率，这是由于更多的中继数量提供了更多的功率增益；中继节点功率的增大也能够提高系统的保密速率；使用 ZFBF 方案得到的保密性能要低于使用本章方案得到的保密性能。

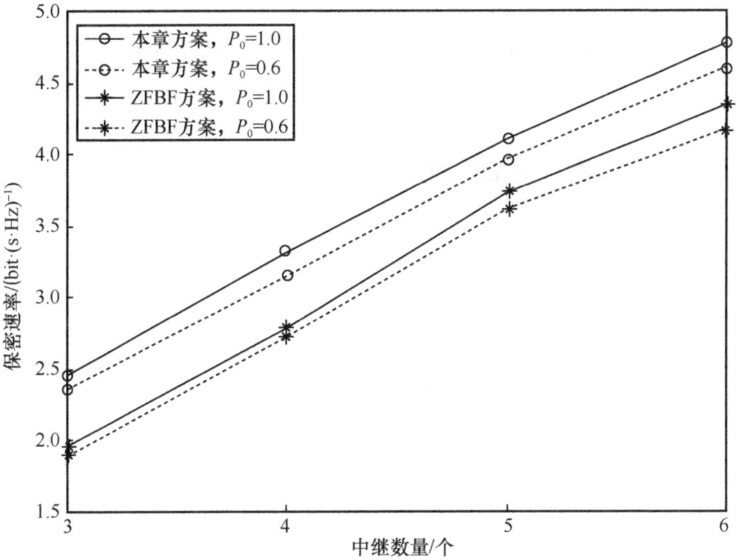

图 6-2　不同中继数量下的保密速率

当合法目标节点数量 $N=2$，中继数量 $L=4,5$ 时，中继节点不同的总功率约束下的保密速率如图 6-3 所示。仿真结果表明，随着中继节点总功率约束的增加，系统的保密速率也在增加；与图 6-2 的结果一样，系统的保密性能在较多的中继数量情况下表现较好；使用 ZFBF 方案得到的保密速率明显低于本章方案的保密速率。

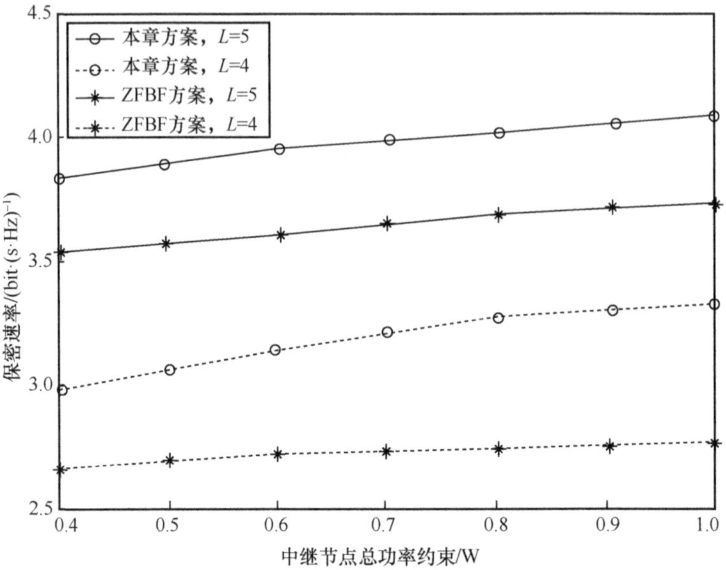

图 6-3　不同中继节点总功率约束下的保密速率

6.6.2　功率控制方案的性能分析

本节给出了第 6.5 节给出的保密速率约束下功率控制问题的仿真结果，研究了算法 6-3 的收敛性，以及不同的保密速率约束及不同的中继数量对系统性能的影响。仿真中主要涉及两种方案：1）第 6.5.2 节提出的基于半定松弛技术和梯度下降法的最优求解方案，记为本章方案；2）利用文献[5]中提到的 ZFBF 方法所设计的第 6.5.1 节中的求解方法，记为 ZFBF 方案。

当合法目标节点数量 $N=2$，中继数量 $L=4$ 时，算法 6-3 不同迭代次数下的中继节点总功率如图 6-4 所示。另外，还针对 3 种不同的保密速率约束 $c=1.15, 1.25, 1.35$ 的情况进行了仿真，设 $\boldsymbol{r}^{(0)}=(1.5,1.5)$。仿真结果表明，随着迭代次数的增加，由算法 6-3 得到的中继节点总功率在减少，在 10 步内就收敛了；为了取得较高的保密速率，中继节点需要消耗较高的发射功率。

当合法目标节点数量 $N=2$，中继数量 $L=4$ 时，不同保密速率约束下的中继节点总功率如图 6-5 所示。仿真结果表明，随着保密速率约束的增加，中继节点发送信号的总功率也在增加；与 ZFBF 方案相比，使用本章方案得到的中继节点的功率消耗更低；并且随着保密速率约束的增加，本章方案和 ZFBF 方案之间的性能差异也在增大。

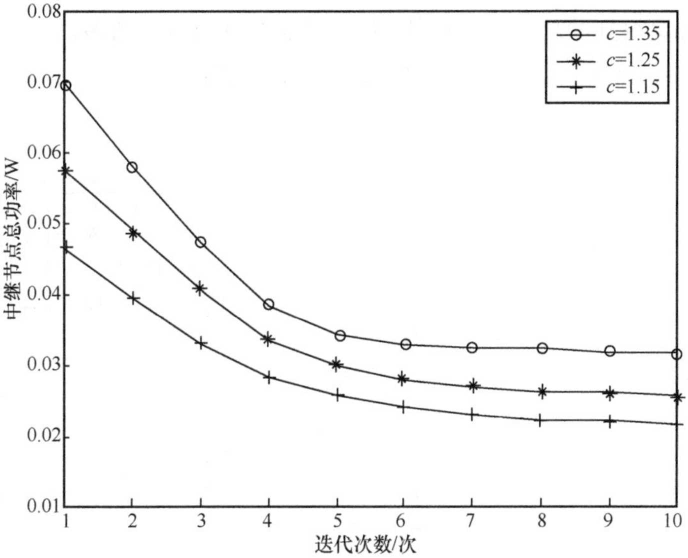

图 6-4　不同迭代次数下的中继节点总功率

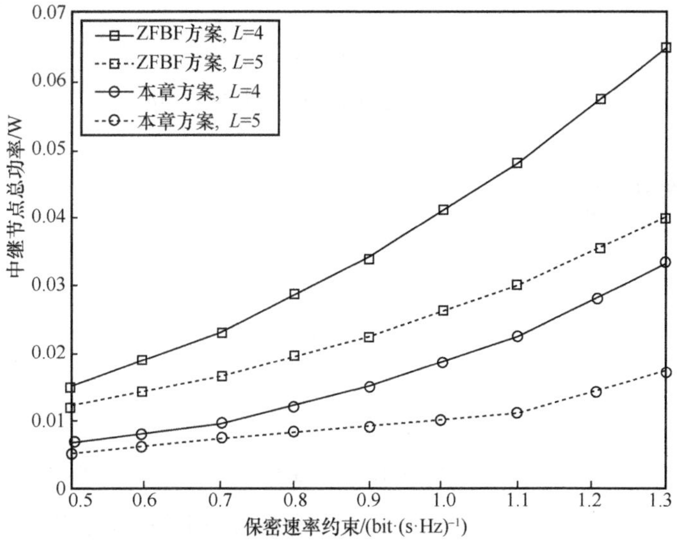

图 6-5　不同保密速率约束下的中继节点总功率

当合法目标节点数量 $N=2$，保密速率约束值 c 分别为 1.15 和 1.25 时，不同中继数量下的中继节点总的发射功率如图 6-6 所示。仿真结果表明，算法 6-3 消耗了更低的功率，并且随着中继数量的增加，中继节点的功率消耗在降低；与图 6-5 的结果相同，保密速率约束值的增加会导致中继节点总发射功率增加；与 ZFBF 方案相比，本章方案得到的功率消耗更低；尽管随着中继数量的增多，功率消耗在降低，但是这也会提高算法 6-3 的计算复杂度，因此，需要在计算复杂度与功率消耗之间进行权衡。

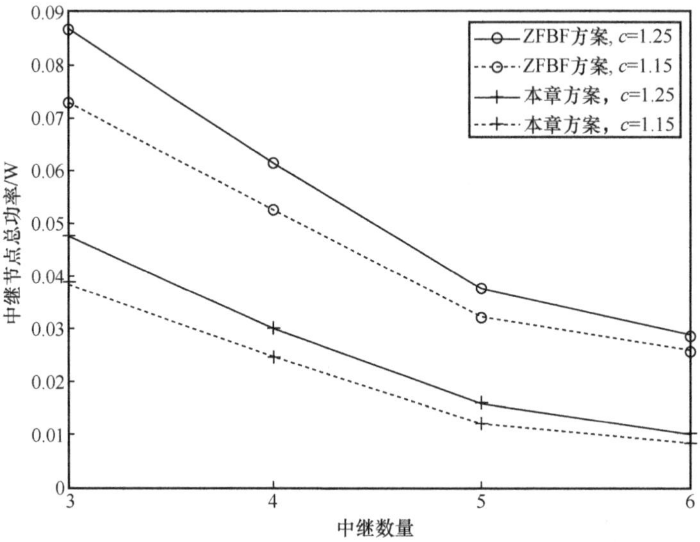

图 6-6　不同中继数量下的中继节点总功率

6.7　本章小结

本章构建了所有的源节点都要进行保密信息传输情况下的多用户点对点无线中继窃听信道模型，针对不同的系统性能需求情况，提出了两种物理层安全传输方案。首先，以保密速率为目标，从用户公平性角度，提出了增强物理层安全传输的分布式波束成形方案。该方案在满足中继节点总功率约束的条件下最大化所有合法目标节点的保密速率。在数学上该方案是一个最大最小问题，利用半定松弛技术和二分搜索算法提出了求解算法。仿真结果表明，该方案提高了系统的安全性能。其次，从功率消耗角度，提出在保证每个合法目标节点保密速率约束的同时，最小化中继节点总功率的方案，进一步提出了求解该方案的最优迭代算法。仿真分析了算法的收敛性及在不同系统参数下的性能表现，结果表明，所提算法在保证系统物理层安全性能的同时，节省了系统的发射功率。

参考文献

[1] CHENG Y, PESAVENTO M. Joint optimization of source power allocation and distributed relay beamforming in multiuser peer-to-peer relay networks[J]. IEEE Transactions on Signal Processing, 2012, 60(6): 2962-2973.

[2] WANG C, WANG H M, NG D W K, et al. Joint beamforming and power allocation for secrecy in peer-to-peer relay networks[J]. IEEE Transactions on Wireless Communications, 2015, 14(6): 3280-3293.

[3] DONG L, HAN Z, PETROPULU A P, et al. Improving wireless physical layer security via cooperating relays[J]. IEEE Transactions on Signal Processing, 2010, 58(3): 1875-1888.

[4] GERACI G, EGAN M, YUAN J H, et al. Secrecy sum-rates for multi-user MIMO regularized channel inversion precoding[J]. IEEE Transactions on Communications, 2012, 60(11): 3472-3482.

[5] LEI J, HAN Z, VAZQUEZ-CASTRO M Á, et al. Secure satellite communication systems design with individual secrecy rate constraints[J]. IEEE Transactions on Information Forensics and Security, 2011, 6(3): 661-671.

[6] GUNGOR O, TAN J, KOKSAL C E, et al. Secrecy outage capacity of fading channels[J]. IEEE Transactions on Information Theory, 2013, 59(9): 5379-5397.

[7] LONG H, XIANG W, ZHANG Y Y, et al. Secrecy capacity enhancement with distributed precoding in multirelay wiretap systems[J]. IEEE Transactions on Information Forensics and Security, 2013, 8(1): 229-238.

[8] MUKHERJEE A, SWINDLEHURST A L. Detecting passive eavesdroppers in the MIMO wiretap channel[C]//Proceedings of 2012 IEEE International Conference on Acoustics, Speech and Signal Processing (ICASSP). Piscataway: IEEE Press, 2012: 2809-2812.

[9] GOLUB G H, LOAN C F V. Matrix computations[M]. 3rd ed. Baltimore: Johns Hopkins University Press, 1996.

[10] BOYD S, VANDENBERGHE L. Convex optimization[M]. Cambridge: Cambridge University Press, 2004.

[11] LIU Y F, DAI Y H, LUO Z Q. Coordinated beamforming for MISO interference channel:

complexity analysis and efficient algorithms[J]. IEEE Transactions on Signal Processing, 2011, 59(3): 1142-1157.

[12] PASCUAL-ISERTE A, PALOMAR D P, PEREZ-NEIRA A I, et al. A robust maximin approach for MIMO communications with imperfect channel state information based on convex optimization[J]. IEEE Transactions on Signal Processing, 2006, 54(1): 346-360.

[13] WANG H M, YIN Q Y, XIA X G. Distributed beamforming for physical-layer security of two-way relay networks[J]. IEEE Transactions on Signal Processing, 2012, 60(7): 3532-3545.